ライオンのダラダラ生活

ひなたぼっこをするミーアキャット

ジャイアントパンダの指は何本?

シャチのおどろきの狩り!

DVDの名場面

動く図鑑MOVEには、NHKエンタープライズが制作したDVDがついています。DVDには、70種以上の動物たちが、いきいきと動くすがたが収録されています。リアルで迫力のある映像をご覧ください。

チーター、高速狩りのひみつ!

長い舌でシロアリをなめとるオオアリクイ

もくじ

講談社の動く図鑑 MOVE **動物** 新訂版

DVDの名場面 …………………………… 前見返し
この本の使い方 …………………………………… 4
ほ乳類って、どんな動物？ ……………………… 6

特集
たたかう動物たち ………………………………… 8
大自然のなかで生きる …………………………… 10
おどろき！ 動物ニュース ……………………… 12
愛をつたえる ……………………………………… 14
肉食のハンターたち ……………………………… 64
日本の里山にすむ動物 …………………………… 100
オナガザルのくらし ……………………………… 182

動物の顔と体
ゾウ　Elephant ………………………………… 28
ライオン　Lion ………………………………… 60
クマ　Bear ……………………………………… 88
シマウマ　Zebra ………………………………… 108
キリン　Giraffe ………………………………… 122
ゴリラ　Gorilla ………………………………… 190

カモノハシ目の動物 ……………………………… 16
カンガルー目の動物 ……………………………… 18
　カンガルーのなかま …………………………… 18
　コアラなどのなかま …………………………… 22

オポッサム目の動物 ……………………………… 26
フクロモグラ目の動物 …………………………… 26
フクロネコ目の動物 ……………………………… 27
バンディクート目の動物 ………………………… 27
ゾウ目の動物 ……………………………………… 28
　ゾウのなかま …………………………………… 30
ハイラックス目の動物 …………………………… 33
ツチブタ目の動物 ………………………………… 33
カイギュウ目の動物 ……………………………… 34
アフリカトガリネズミ目の動物 ………………… 36
ハネジネズミ目の動物 …………………………… 37
有毛目の動物 ……………………………………… 38
　アリクイのなかま ……………………………… 38
　ナマケモノのなかま …………………………… 40
被甲目の動物 ……………………………………… 42
トガリネズミ目の動物 …………………………… 44
　モグラのなかま ………………………………… 44
　トガリネズミのなかま ………………………… 46
ハリネズミ目の動物 ……………………………… 48

コウモリ目の動物……50
- 小型コウモリのなかま……50
- オオコウモリのなかま……54
- 日本のコウモリ……56

センザンコウ目の動物……58

ネコ目の動物……60
- ネコのなかま……63
- ネコの品種……73
- マングースのなかま……74
- ジャコウネコなどのなかま……76
- ハイエナのなかま……77
- イヌのなかま……78
- イヌの品種……86
- クマのなかま……89
- レッサーパンダ、アライグマのなかま……94
- イタチ、スカンクのなかま……96
- アザラシのなかま……102
- アシカ、セイウチのなかま……106

ウマ目の動物……108
- ウマのなかま……110
- ウマの品種……112
- バクのなかま……113
- サイのなかま……114

クジラ偶蹄目の動物……116
- ラクダのなかま……116
- イノシシ、ペッカリーのなかま……118
- マメジカ、ジャコウジカのなかま……120
- キリンのなかま……122
- プロングホーンのなかま……125
- シカのなかま……126
- ウシのなかま……130
- ヤギのなかま……138
- ウシ、ブタの品種……142
- ヤギ、ヒツジの品種……143
- カバのなかま……144
- ハクジラのなかま……146
- ヒゲクジラのなかま……154

ツパイ目の動物……158

ヒヨケザル目の動物……159

サル目の動物……160
- ガラゴ、ロリスのなかま……162
- キツネザルのなかま……164
- インドリなどのなかま……166
- メガネザルのなかま……168
- サキのなかま……169
- マーモセットのなかま……170
- オマキザルのなかま……172
- クモザルのなかま……174
- オナガザルのなかま……176
- テナガザルのなかま……184
- ヒトのなかま……186

ウサギ目の動物……194
- ウサギのなかま……194
- ナキウサギのなかま……197

ネズミ目の動物……198
- リスのなかま……198
- ヤマネのなかま……203
- ヤマビーバーのなかま……203
- テンジクネズミのなかま……204
- トビウサギなどのなかま……209
- ビーバーのなかま……210
- ネズミのなかま……212

さくいん……216
系統樹 ほ乳類のなかま分け……後ろ見返し

この本の使い方

MOVE『動物』では、さまざまなほ乳類の特ちょうを「目」とよばれるグループに分けて紹介しています。この図鑑を使って、動物たちのおもしろさを見つけてみましょう。

目
最新の分類にもとづき、25の「目」に分けて紹介しています。「目」のなかでも、とくに特ちょうが似ているものは「科」というグループに分けられます。

Dr.ヤマギワのポイント！
監修者の山極寿一先生が、それぞれの「目」の特ちょうについてポイントを解説してくれます。

ズームアップ！
めずらしい動物や体の特ちょうなどにスポットをあてて、くわしく解説します。

大きさチェック
身長170cmの大人と、そのページに登場する動物の大きさを、シルエットでくらべます。

なかま
「目」を、動物の体や生態の特ちょうによって、さらになかま分けして紹介しています。

DVDマーク
付属のDVDで紹介されていることは、水色のDVDマークがついています。

Dr.ヤマギワのなるほど！コラム
動物たちの「なるほど！」と思うおもしろい行動を、監修者の山極寿一先生がわかりやすく教えてくれます。

Q&A
この図鑑で紹介している動物たちの豆知識を、質問形式で紹介します。

4

動物の解説

アマミノクロウサギ ウサギ科 🇯🇵 ◆ 特別天然記念物
原始的なウサギです。耳と後ろ足が短く、大きくはねることはしません。かんたんな巣あなをつくり、小さな群れでくらします。📏 43〜51cm ⚖ 2〜3kg 🌏 奄美大島、徳之島 🌲 森林 🌸 草、葉、果実、根、種など

種名・科名

「アマミノクロウサギ」のような生きものの名前を、「種」といいます。ここでは、日本でよく使われているよび名（和名）をのせています。種名のあとには、科名を入れています。

※ 名前のちかくに、「亜種」と入っている場合は、亜種名をあらわします。

例：**エゾヒグマ** 亜種

※ [ ]は亜種名を、( )は別名をあらわします。

例：**アカギツネ**［キタキツネ、ホンドギツネ］
　　ニホンイタチ（イタチ）

マーク

日本にいる動物には🇯🇵、外来種には🔵、特別天然記念物には 特別天然記念物 がついています。絶滅危惧種に指定されている動物には◆がついています。

● 絶滅危惧種の基準

IUCN(International Union for Conservation of Nature、国際自然保護連合)、または環境省のレッドリストで、「野生絶滅」「絶滅危惧」に指定されている動物をあらわします。

ズームアップ！ 二重の前歯
ウサギ目の前歯は、前から見ると2本に見えますが、後ろに小さな前歯（切歯）がさらに2本生えていて、歯が二重になっています。そのため、ウサギ目を「重歯目」とよぶこともあります。

メキシコウサギ ウサギ科 ◆
メキシコのごくせまい地域にすんでいます。アマミノクロウサギと同じ原始的なウサギです。📏 23〜32cm ⚖ 386〜602g 🌏 メキシコ 🌸 草原 🌸 草など

ヌマチウサギ ウサギ科
水辺にすんでいて、敵に追われると、水に飛びこんで逃げます。泳ぎが得意です。📏 45〜55cm ⚖ 1.6〜2.7kg 🌏 アメリカ中南部 🌲 湿地、湖沼 🌸 草、葉、枝、樹皮

DVD 子どもの巣あなをかくす

アマミノクロウサギ ウサギ科 🇯🇵 特別天然記念物
原始的なウサギです。耳と後ろ足が短く、大きくはねることはしません。かんたんな巣あなをつくり、小さな群れでくらします。📏 43〜51cm ⚖ 2〜3kg 🌏 奄美大島、徳之島 🌲 森林 🌸 草、葉、果実、根、種など

データの見方

📏…体長をあらわします。（尾長）とあるものは、尾長をあらわします。

📐…体高をあらわします。イヌやウマの品種などにのせています。

⚖…体重をあらわします。

🌏…地球上で生きている範囲（分布域）をあらわします。

🌲…すんでいる環境をあらわします。

🌸…おもに食べているものをあらわします。

◆…原産地をあらわします。ウマやウシの品種などにのせています。

Dr.ヤマギワの なるほど！コラム

アマミノクロウサギの子育て
自分の巣あなとは別に、子育て用の巣あなをほり、1頭の子どもを産みます。1日や2日おきに巣あなに入り、乳をあたえます。親が巣あなから出るときは、ていねいに入り口を土でうめてかくします。子どもは約2か月で巣あなの外に出てきます。

Q：ウサギの耳は、なぜ長いの？　**A**：音をよく聞くためと、体温を調節するはたらきがあります。

体の大きさ

体長…体をまっすぐにのばしたときの、鼻先から尾のつけ根までの長さです。

尾長…尾のつけ根から先までの長さです。尾の先の毛の長さはふくみません。

全長…体長に尾長を足した長さです。

体高…4本のあしでまっすぐ立ったときの、地面から肩までの高さです。

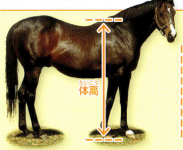
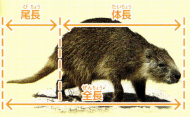

ほ乳類って、どんな動物？

この図鑑では、地球上にすむ、数々のほ乳類を紹介しています。わたしたち人間も、ほ乳類のなかまです。ほ乳類とは、どのような動物なのでしょうか。

ブチハイエナの子育て
ブチハイエナやライオンなどの肉食動物は、横になってゆったりと乳をあげます。ブチハイエナは、産みの母親の乳が出ないときは、別のメスが子どもに乳をあげることもあります。

❶ 子を産み、乳で育てる

多くのほ乳類は、胎盤とよばれる器官で、子どもを大きく育ててから出産します。ほ乳類のなかには、卵を産む単孔類や、未熟な状態で産んで、ふくろで育てる有袋類もいますが、すべてのほ乳類は、子どもを乳で育てます。乳で育てるのは、ほ乳類だけがもつ大きな特ちょうです。

濃厚な乳
タテゴトアザラシの乳には、ヒトの10倍以上の脂肪分がふくまれているので、寒さのきびしい環境でも、子どもはすくすくと育ちます。子育て期間はとても短く、2週間ほどです。

立ったままあげる
プロングホーンなど巣をもたない草食動物は、敵からすぐに逃げられるように、立ったまま乳をあげます。

Dr.ヤマギワの なるほど！コラム
子どもの命を守る乳
乳は、生まれたばかりの子どもがはじめて口にする大切な食べものです。栄養が豊富なだけでなく、母親がもつ抗体（細菌やウイルスの感染をふせぐ物質）をふくむので、抗体をもたない生まれたばかりの子どもを病気から守ることができます。また、母親は自分の食べものさえ得られれば、いつでも子どもに栄養をあたえられるので、より確実に子どもを育てることができます。

水中で乳をあたえる
ハンドウイルカは、水中で乳をあたえます。乳の吸い口は、子どもが吸うとき以外は、母親の体のなかにかくれています。

❷ 体毛がある

ほ乳類の多くは、皮ふの一部が変化してできた体毛が生えています。体毛には、体温を一定にたもったり、けがなどから体を守ったりするなど、さまざまなはたらきがあります。

いろいろな体毛

長い体毛
古くから北極にすむジャコウウシは、とても長くてふさふさした毛をもっているので、きびしい寒さにもたえることができます。

たてがみ
ライオンは、頭や首のまわりに、たてがみが生えています。このたてがみには、たたかいのときに頭部を守るはたらきがあると考えられています。

ヤマアラシのとげ
ヤマアラシのとげは、体毛が進化したもので、髪やつめと同じ物質でできています。敵におそわれそうになると、とげを逆立てて警戒します。

ケープタテガミヤマアラシ

かたいうろこ
センザンコウのするどくて、かたいうろこは、体毛が進化したものです。長い尾を振りまわすことで武器にもなります。

オオセンザンコウ

ズームアップ！ 体毛のないほ乳類

ハダカデバネズミ
ハダカデバネズミは、気温がほぼ一定にたもたれた地中にすむため、体温調節の必要がなく、体毛がほとんどありません。

アマゾンカワイルカ
イルカやクジラのなかまは、泳ぐときの抵抗をへらすため、体毛がありません。かわりに、体のなかに脂肪をたくさんたくわえているので、冷たい水域でも体温をたもつことができます。

さまざまな体温調節

ほ乳類は、体温をほぼ一定にたもつことができるので、恒温動物にふくまれます。ほ乳類の体温調節には、さまざまな方法があります。

汗をかく
サラブレッド
ウマは、ヒトとならび、大量の汗をかく動物です。白っぽく見えているのは、皮ふがこすれ合ってできる汗の泡です。汗をかくのは、ほ乳類だけがもつ特ちょうです。

大きな耳
汗をかかないアフリカゾウは、大きな耳から、体のなかの熱を逃がします。また、水浴びをするなどして、暑さをしのぎます。

タイリクオオカミ

舌を出す
イヌのなかまは、汗を出すしくみ（汗腺）が発達していないので、暑いときは、舌からだ液を蒸発させて、体温を下げます。

7

たたかう動物たち

繁殖のためや、なわばりをめぐり、動物たちは、ときに命をかけて激しくたたかいます。

オスのたたかい

メスをめぐり、激しくたたかうライオンのオス。たたかいで、命を落とすこともあります。

角でつく

角をつき合ってたたかうオリックス。長くするどい角は、ライオンさえも殺すことがあります。

キックで攻撃

尾で体をささえ、強烈なキックをするアカカンガルー。アカカンガルーは足の力が強く、すぐれたジャンプ力やキック力があります。

大自然のなかで生きる

動物たちは、草原や森林など、大自然のなかでたくましく生きぬいています。

森でくらす

森のなかであそぶボルネオオランウータンの子ども。オランウータンの子どもは、好奇心旺盛で、活発に動きまわります。

サバンナをかける

サバンナの川をわたるサバンナシマウマ。川にはワニなどの天敵がいるので、全速力で川をかけぬけます。

川を走る

サケを追って、川のなかを走るグリズリー。グリズリーの走る速さは、時速50km以上ともいわれています。

草原を走る

追いかけっこをしているのは、ヨーロッパやアジアの一部に生息するヤブノウサギ（ノウサギのなかま）。走る速度は最高で時速72kmにも達するといわれています。

おどろき！　動物ニュース

動物たちの決定的瞬間をとらえた写真を紹介します。

ワニを一本釣り!?

4mにもなるワニを鼻一本で釣り上げたアフリカゾウ。ゾウの鼻は筋肉でできていて、とても力があります。

垂直にジャンプ！

ココノオビアルマジロは、おどろくと垂直方向におよそ1mもジャンプをします。

危機一髪！

カエルクイコウモリは、口のちかくにセンサーがあり、毒があるかを見分けることができます。このコウモリは直前にカエルに毒があることに気づき、食べずに飛び去りました。

オコジョの悲劇

自分の体より数倍も大きいアオサギに果敢におそいかかったオコジョ。しかしその後、ふり切ろうとしたアオサギに水にしずめられて、最後は食べられてしまいました。

愛をつたえる

わたしたち人間と同じように、動物たちも、なかまとふれ合いながらくらしています。

抱き合う

ボノボは、とても平和をこのむ動物で、争いが起こりそうになると、抱き合って緊張をやわらげます。

体をよせ合う

写真は、乳離れをしたミナミゾウアザラシの子どもです。子どもたちは、海に出られるようになるまで、体をよせ合ってすごします。

親子でくらす

氷の上をならんですべるホッキョクグマの母親と子ども。子どもは生後およそ2〜3年は母親とともにくらします。

キスをする

オグロプレーリードッグは、ふれ合うことが大好きで、キスをしてにおいでなかまを確認します。

15

カモノハシ目の動物

くちばしには、生きものが出す弱い電気を感じる器管があり、獲物を見つけるときに役立ちます。

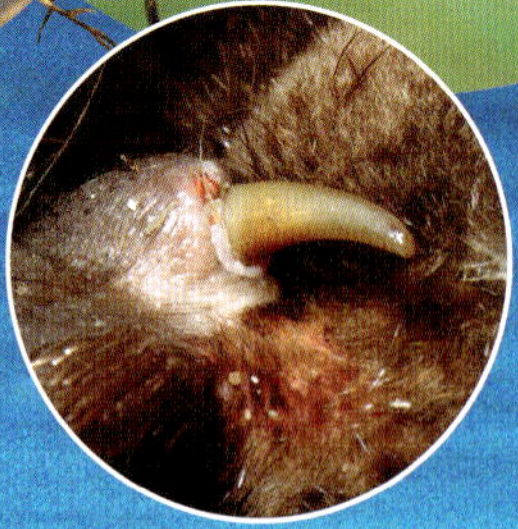

オスの後ろ足には、毒腺のあるけづめがあり、オスどうしのたたかいに使います。

カモノハシ目

🔴 Dr. ヤマギワのポイント！

カモノハシのなかまは、卵で子どもを産む、もっとも原始的なほ乳類だ。尿とふんを排出するあなと、卵を産むあなが、ひとつになっているので、単孔類ともよばれる。指にはかぎづめがあり、歯がないといった点も特ちょうだ。

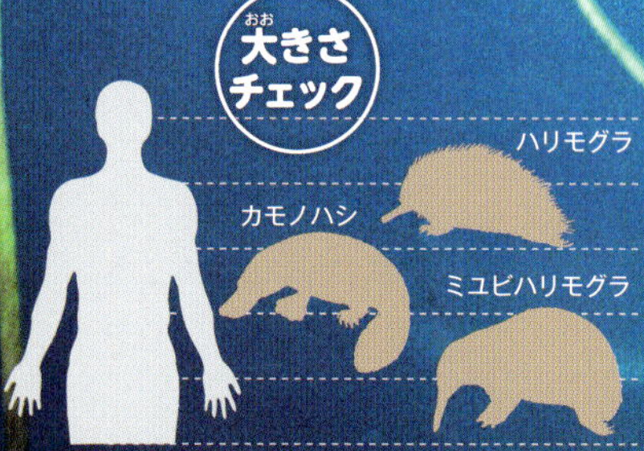

大きさチェック

ハリモグラ
カモノハシ
ミユビハリモグラ

カモノハシ

カモノハシ科

川や池にすんでいて、泳ぎが得意です。カモのようなくちばしをもっていることから、この名前がつきました。📏45～60cm（オス、全長）、39～55cm（メス、全長）⚖1～2.4kg（オス）、0.7～1.6kg（メス）🌏オーストラリア東部、タスマニア島🏞川、沼、水路🍴昆虫、エビ、貝、魚

見てみよう！ゆっくり泳ぎ術
DVD 電気で獲物さがし

ズームアップ！ カモノハシの子育て

カモノハシは、ふつう1～3個の卵を産みます。卵からかえった子どもは、母親のおなかからしみ出す乳をなめて成長します。

📏=体長　⚖=体重　🌏=分布　=生息環境　🍴=おもな食べもの　🇯🇵=日本にいる動物　=日本にいる外来種　◆=絶滅危惧種

カモノハシの巣あな
川や湖の土手にほられる子育てのための巣あなは、長さ20mになることもあります。

トンネルのところどころに草などをつめます。これで、水や敵が巣に入ってくるのをふせぎ、温度や湿度を調節します。

メスは、トンネルのいちばん奥を、落ち葉や草でいっぱいにして、寝床をつくります。

ミユビハリモグラ
ハリモグラ科
短いトゲが全身をおおっています。口がとても長く、先端から長い舌を出し入れします。 45〜75cm 5〜16.5kg ニューギニア島 山林 ミミズ、昆虫

ハリモグラの赤ちゃん
ハリモグラの赤ちゃんには、とげはなく、短い毛が生えています。

ハリモグラ
ハリモグラ科
単独でくらし、夜、前足で地面をほり、昆虫を食べます。ふつう産む卵の数はひとつです。 30〜40cm 2〜7kg オーストラリア、ニューギニア島東部・南部、カンガルー島、タスマニア島 森林、サバンナ、乾燥地 昆虫、ミミズ

Q：カモノハシの毒の強さはどのくらい？　A：イヌが死んでしまうくらいといわれています。

カンガルー目の動物

Dr. ヤマギワのポイント！
メスが、おなかのふくろで子どもを育てる動物を、有袋類というんだ。とくにカンガルー目の動物は、ふくろが発達していて、大きな子どもでも落とさずに育てることができる。

カンガルーのなかま①
カンガルーのなかまは、下あごに発達した前歯をもち、草や木の葉が食べやすくなっています。オーストラリアやニューギニア島などに約75種すんでいます。

オオカンガルー　大きさチェック

どんなところにすんでいるの？

カンガルー目の動物がすむオーストラリアやニューギニア島は、遠い昔にほかの大陸からはなれたため、進化したほ乳類がやってくることがなく、カンガルーなどの原始的なほ乳類が生きのこりました。

オオカンガルー（ハイイロカンガルー）
カンガルー科

アカカンガルーの次に大きなカンガルーです。ふつうは10頭ほどの群れでくらしています。ハイイロカンガルーともよばれます。 100～140cm 90kg（オス）、40kg（メス） オーストラリア東部沿岸 開けた森林、草原、半乾燥地帯 草

Dr.ヤマギワの なるほど！コラム

有袋類ってどんな動物？

メスのおなかに子育て用のふくろがあるほ乳類を有袋類といいます。人間は、おなかのなかで赤ちゃんを育てますが、有袋類はふくろのなかで赤ちゃんが成長します。大昔は世界じゅうに有袋類がいましたが、いまはオーストラリアとニューギニア島、南北アメリカの一部にしかいません。カンガルーやコアラ、オポッサムなどが有袋類です。

カンガルー / コアラ / オポッサム

Q&A Q：カンガルーという名前の意味は？ A：現地の言葉で「飛び跳ねるもの」という意味です。

スナイロワラビー
カンガルー科
昼も活動しますが、夜のほうが活動的です。警戒心があまりなく、人家のちかくにあらわれます。 📏 60〜105cm ⚖ 20kg（オス）、12kg（メス） 🌐 オーストラリア 🌳 熱帯林、草原など 🍱 草、葉、果実、根、枝

シマオイワワラビー
カンガルー科 ◇
切り立ったがけの岩のわれ目や岩あなにすみ、小さな体を生かして、けわしい岩場をすばやく動きまわります。 📏 48〜65cm、57〜70cm（尾長） ⚖ 6〜11kg 🌐 オーストラリア 🌳 半乾燥地の岩場、がけ、山の尾根 🍱 草、根

オグロワラビー　カンガルー科
森にすむカンガルー。体が濃い茶色なので、森ややぶのなかでは目立ちません。夜行性です。 📏 72〜85cm（オス）、67〜75cm（メス）、64〜86cm（尾長） ⚖ 12〜21kg（オス）、10〜15kg（メス） 🌐 オーストラリア東部沿岸 🌳 密生した森、沼地 🍱 葉、草、枝

フサオネズミカンガルー
ネズミカンガルー科 ◇
森にすむ小型のカンガルーです。夜行性で群れにはならず、単独でくらしています。 📏 30〜38cm、29〜36cm（尾長） ⚖ 1.1〜1.6kg 🌐 オーストラリア南西部 🌳 森林 🍱 キノコ、根、種、昆虫など

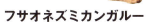

エレガントワラビー　カンガルー科
活動は、午前中が活発で、10頭ほどの小さな群れが集まってくらし、ときには50〜80頭の集団をつくります。 📏 〜92.4cm（オス）、〜75.5cm（メス）、73〜104.5cm（尾長） ⚖ 7〜26kg 🌐 オーストラリア北部・東部 🌳 高地の傾斜地 🍱 草

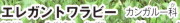

ハナナガネズミカンガルー
ネズミカンガルー科
長い尾は、ものに巻きつけることができるので、巣の材料となる草や枝を、巻きとって運びます。 📏 30〜40cm、15〜26cm（尾長） ⚖ 0.7〜1.8kg 🌐 オーストラリア、タスマニア島 🌳 やぶ 🍱 果実、キノコ、草、昆虫など

ズームアップ！ カンガルーの子育て
生まれたばかりの赤ちゃんは、大型のカンガルーでも体長2cm、体重1gほど。とても小さいですが、自分の力で移動して、母親のおなかのふくろに入ります。ふくろのなかで乳を飲んで成長し、半年ほどすると、顔を出すようになります。

Q：カンガルー、ワラルー、ワラビーのちがいは？　A：大きい順により分けていますが、厳密ではありません。

コアラなどのなかま❶

カンガルーと同じように、植物を食べやすい前歯があり、足の指は、木にのぼりやすいつくりをしています。オーストラリアとニューギニア島などにすんでいます。

カンガルー目

コアラ コアラ科

単独で木の上で生活しています。ふだんはあまり鳴きませんが、繁殖期にはオスが大きな声で鳴いてなわばり宣言をします。夜行性です。 78cm（オス）、72cm（メス） 6.5〜11.8kg（オス）、5.1〜7.9kg（メス） オーストラリア 標高600m以下のユーカリの森 ユーカリの葉

大きさチェック

コアラ
ヒメウォンバット

DVD ユーカリの葉を食べる

22 =体長 =体重 =分布 =生息環境 =おもな食べもの =日本にいる動物 =日本にいる外来種 =絶滅危惧種

Dr.ヤマギワの なるほど！コラム

うんちを食べる

コアラの子どもは生後6か月ころになると、「パップ」とよばれる母親のうんちを食べます。これによってユーカリの葉を分解する微生物を母親からゆずりうけ、ユーカリの葉が食べられるようになるのです。

20時間ねむる

ユーカリの葉は、消化が悪く、あまり栄養がないので、コアラは体力を使わないように、一日のほとんどの時間をねむってすごします。

ズームアップ！ マジックハンド！

前足は、親指と人差し指が、ほかの指とはなれていて、後ろ足は、親指だけが、ほかの指とはなれています。どちらも木の枝をしっかりとつかむのに力が入りやすい構造になっています。

前足　後ろ足

おしりからこんにちは

母親のふくろの口は後ろに向いているので、子どもは、おしりから顔を出しているように見えます。

ウォンバット

ウォンバット科

森や草原にすんでいます。夜行性ですが、冬は、巣あなの外で日光浴をすることがあります。 70〜120cm　15〜35kg

オーストラリア南東部、タスマニア島、フリンダース島　湿気の多いユーカリの森　草、根、キノコ

ズームアップ！ 巣あなでくらす

ヒメウォンバットはあなほりの名人で、地中に巣あなをつくります。巣あなにはいくつもの部屋があり、出入り口もたくさんあります。

Q:ユーカリに毒があるって、ほんとう？　A:ほんとうです。ほとんどの動物はユーカリの毒を分解できないので、ユーカリを食べられません。

ブーラミス ブーラミス科 ◇
寒い高山地帯にすむので、昼は熱を逃がさないように、岩のわれ目の巣で、ボールのように丸まってねむります。冬は冬眠をします。🗓11cm、14～15cm(尾長) ⚖45g 🌏オーストラリア南東部 🌳標高1400～2230mの高山 🍴昆虫、ミミズ、種、果実

フクロモモンガ フクロモモンガ科
昼は木の洞で、ときには数頭が集まって休み、夜は木から木へと滑空します。🗓14～18cm、18～19cm(尾長) ⚖110g 🌏ニューギニア島、オーストラリア北部・東部 🌳森林 🍴花、蜜、昆虫、ミミズ

フクロシマリス フクロモモンガ科
樹上でくらします。昼は木の洞でねむり、夜になると枝から枝へとすばやく移動して、昆虫などを食べます。🗓25.6～27cm ⚖246～569g 🌏オーストラリア、ニューギニア島 🌳低地の熱帯雨林 🍴昆虫、ミミズ、花、果実など

フクロヤマネ ブーラミス科
木の洞などに、樹皮や葉を使って巣をつくり、数頭でくらします。秋には、冬眠のための脂肪を体にたくわえて、とても太ります。🗓7.5～10cm、7.5～10.5cm(尾長) ⚖40g 🌏タスマニア島、オーストラリア南東部 🌳森林 🍴花、蜜、果実、昆虫

Dr.ヤマギワの なるほど！コラム

そっくりさん（収れん進化）

オーストラリアには、まったくちがうなかまなのに、ほかの大陸の動物とすがたや形がそっくりな動物がたくさんいます。これは同じような環境に適応することにより、ぐうぜん似てしまったためで、このような進化の現象を「収れん進化」といいます。

木から木へと滑空する	アリを食べる	地中にトンネルをほってすむ
 アメリカモモンガ	 キタコアリクイ	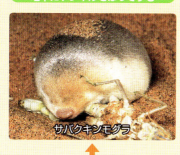 サバクキンモグラ
↕	↕	↕
 フクロモモンガ	 フクロアリクイ	 フクロモグラ

 Q：フクロギツネの天敵はなに？　A：オニアオバズクなどの猛禽類です。

オポッサム目の動物

キタオポッサムの母親は、子どもたちを背にのせて移動します。

Dr. ヤマギワのポイント！
有袋類だけど、おなかにふくろはなく、ひだで子育てをするんだ。南北アメリカに60種以上がすんでいる。

キタオポッサム オポッサム科
さまざまな環境にすみ、夜行性で、地上で生活しますが、木のぼりもじょうずです。おどろくと、死んだふりをします。 33〜55cm、25〜54cm(尾長) 0.8〜6.4kg(オス)、0.3〜3.7kg(メス) 北アメリカ 川、沼 昆虫、小動物、果実、穀類

シロミミオポッサム オポッサム科
いろいろなものを食べ、すむ場所や季節により、そのときに、いちばん豊富なものを主食とします。 22〜35cm、30〜32cm(尾長) 0.4〜1.3kg 南アメリカ 開けた土地、森林 昆虫、果実、種、トカゲ

DVD 得意わざは死んだふり

ミズオポッサム オポッサム科
水中生活をする唯一の有袋類です。昼は川岸の巣あなで休み、夜に水中の小動物などを食べます。後ろ足には水かきがあります。 27〜40cm、31〜43cm(尾長) 0.7kg メキシコ南部、中央アメリカ〜ペルー、パラグアイ、ブラジル、アルゼンチン 熱帯・亜熱帯の川や湖 魚、小動物、藻、果実

ヨツメオポッサム オポッサム科
樹上で、単独で生活します。目の上に2つの白いもようがあり、目が4つあるように見えるので、この名前がつきました。 25〜35cm、25〜35cm(尾長) 200〜680g メキシコ北東部〜ブラジル南東部 熱帯雨林 昆虫、ミミズ、鳥、小動物、葉、種、果実など

フクロモグラ目の動物

フクロモグラ フクロモグラ科
シャベルのような前足で、砂地の地表ちかくにトンネルをほり、獲物をとらえます。巣は地中深くにつくります。 12〜16cm、2.5cm(尾長) 40〜70g オーストラリア中部 砂丘、平原 昆虫、ミミズ

=体長 =体重 =分布 =生息環境 =おもな食べもの =日本にいる動物 =日本にいる外来種 =絶滅危惧種

フクロネコ目の動物

Dr.ヤマギワのポイント！
肉食性の有袋類で、カンガルーや鳥、シロアリなどがおもな獲物だ。ネコくらいのタスマニアデビルからネズミほどのキアシアンテキヌスまで大きさはさまざま。オーストラリアとタスマニア島にすんでいる。

Dr.ヤマギワの なるほど！コラム

おこぼれちょうだい！
死肉を食べるタスマニアデビル。フクロオオカミが生きていたころは、その食べのこしたものをあさっていました。あごの力が強く、骨までかみくだきます。

タスマニアデビル フクロネコ科
有袋類最大の肉食動物です。夜、においで小動物をさがして食べるほか、カンガルーなどの死肉も食べます。大きな声でほえるように鳴きます。 30〜50cm、23〜30cm（尾長） 5.5〜12kg（オス）、4.1〜8.1kg（メス） タスマニア島 タスマニア島のほぼ全域 大型ほ乳類、小動物、昆虫

あまった栄養を尾にためる

フクロネコ フクロネコ科
おもに夜間、地上で活動します。かつてはオーストラリア本土にも生息していましたが、絶滅し、タスマニア島にしか生きのこっていません。 35〜45cm、21〜30cm（尾長） 0.9〜1.6kg（オス）、0.6〜1kg（メス） タスマニア島 降雨林、森林 昆虫、小動物、果実など

フクロアリクイ フクロアリクイ科
有袋類にはめずらしく、昼に活動的になります。一年のほとんどを単独でくらし、倒木や地中のシロアリの巣をさがします。 17.5〜27.5cm、13〜17cm（尾長） 28〜55kg オーストラリア南西部 ユーカリの森 シロアリ

キアシアンテキヌス フクロネコ科
昼に活動することもあります。さまざまな環境にくらし、ときには人家に入りこんで巣をつくります。 9.3〜16.5cm、6.5〜15cm（尾長） 21〜79g オーストラリア東部 森林、沼地 昆虫、果実、花、蜜、小動物

バンディクート目の動物

チャイロコミミバンディクート バンディクート科
昼も夜も活動し、低い木が生える茂みにすんでいます。 33〜36cm、9〜14cm（尾長） 0.5〜1.4kg オーストラリア南部、タスマニア島 低木の茂る開けた場所 昆虫、果実、種、小動物

Dr.ヤマギワの なるほど！コラム

人類がほろぼした有袋類
タスマニア島に生息していた肉食有袋類です。ヒツジをおそう害獣として1888年から20年ほどで2184頭が殺されるなどして減少し、ついに動物園にいた最後の1頭が1936年に死亡して絶滅しました。

フクロオオカミ フクロネコ科
 100〜135cm、50〜65cm（尾長） 20〜25kg タスマニア島 開けた森林、草原 小動物、鳥、大型ほ乳類

大きさチェック
キタオポッサム
フクロネコ
フクロアリクイ
タスマニアデビル

Q：タスマニアデビルが絶滅しそうってほんとう？ A：伝染病によって野生個体の約90％が死んでしまったともいわれています。

ゾウ
Elephant

ゾウ目の動物

Dr. ヤマギワのポイント！
陸上でくらす動物ではもっとも大きく、自由に動く長い鼻、大きな耳、大きなきば、大きな脳が特ちょうだ。ふつう、メスを中心とする群れでくらし、大量の食物と飲み水を必要とするんだ。

アフリカゾウ　ゾウ科
オスは陸上最大の動物です。メスと子どもで群れをつくり、オスは単独でくらしています。一日に100〜300kgの食物を食べ、190Lの水を飲みます。 6〜7.5m(オス)、5.4〜6.9m(メス)　3.6〜6t　サハラ砂漠より南のアフリカ全域　砂漠、森林、サバンナなど　葉、根、樹皮、草、果実

DVD 鼻を使って食べたり飲んだり

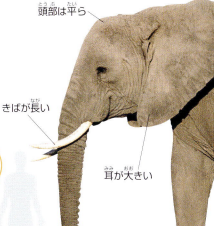

背中がへこんでいる
頭部は平ら
きばが長い
耳が大きい
体にしわが多い

大きさチェック

アフリカゾウの体

耳
三角形にちかい大きな耳は、熱を逃がして体温を下げる役割をはたします

きば
アフリカゾウはオス、メスともに長いきばがあります

目
視力は、あまりよくありません

口
立ったままでは、口を地面につけることができません

鼻
とても器用で、ものをつかんだり、水を吸いこんだり、見にくい足もとの状況をさぐることもできます。鼻のなかに骨はありません

足
足の裏で、地面をつたう低周波の信号を感じ取っているという説があります

Q：ゾウのふんの量はどれくらい？　A：食べた量の4割くらいです。たとえば100kgの草を食べると、40kgくらいのふんをします。

29

ゾウのなかま

ゾウ目

サバンナでくらす アフリカゾウ

熱帯地方に広がる大草原、サバンナには、雨のふる雨季と、ほとんどふらない乾季があります。雨季には一面に草が生い茂り、たくさんの草食動物たちに食物を提供します。その草食動物を食べに、肉食動物も集まってきます。乾季になって植物が枯れると、動物たちは食物をもとめて、長い距離を移動します。

ゾウの泥浴び

泥浴びには、寄生虫や直射日光から、体を守るはたらきがあります。泥のなかでねころんだり、鼻で大量の泥を吸い上げて体にかけたりします。

ゾウ目／ハイラックス目／ツチブタ目

Dr.ヤマギワの なるほど！コラム

ゾウの鼻でどんなことができるの？

ゾウにとって、長い鼻は手のようなもの。骨はなく、すべて筋肉でできています。とても器用で、においをかぐ以外にも、いろいろなことができます。

シュノーケリング

背が立たない深い水のなかを泳ぐときは、鼻を高くもち上げて息をします。

長い鼻であいさつ

おたがいの鼻をからませて、においで相手のことをたしかめます。

木の皮を食べる

きばと鼻を使って、栄養のある木の皮をはがして食べます。

📏=体長　⚖=体重　🌍=分布　🌳=生息環境　🍽=おもな食べもの　🇯🇵=日本にいる動物　🔵=日本にいる外来種　❤=絶滅危惧種

ハイラックス目の動物

Dr.ヤマギワのポイント！
大きさがネコほどしかないけど、祖先はゾウにちかいなかまであることがわかっているんだ！ 足にひづめをもつ有蹄類のなかの、原始的なグループだ。

ケープハイラックス ハイラックス科
岩場に、家族の群れが集合して、60頭くらいまでの大きな集団でくらします。岩の上での日光浴が大好きです。 47.5〜58.5cm、1.1〜2.4cm（尾長） 4kg（オス）、3.6kg（メス） アフリカ北東部 岩場 葉、草、果実

岩のわれ目の出入り口に立つケープハイラックス。岩場にすむハイラックスは、朝早くから群がります。

ニシキノボリハイラックス ハイラックス科
ふつうは森林の樹上でくらし、集団をつくることはあまりありません。昼も活動しますが、おもに夜行性です。 44〜57cm 1〜5kg アフリカ中部 森林、サバンナ、砂丘など 葉、果実、草、昆虫など

キボシイワハイラックス ハイラックス科
数百頭の集団になることもあります。朝起きると、岩の上で日光浴をして体温を上げ、暑いときは、涼しい岩のわれ目に入ります。 31〜38cm 2.5kg アフリカ北東部〜南部 岩場 葉、草

ツチブタ目の動物

Dr.ヤマギワのポイント！
ツチブタは原始的な有蹄類。歯がなく、シロアリを食べるので、アリクイのなかまとされてきたけど、現在では、1種で独立した目としてあつかわれているんだ。

大きさチェック

ケープハイラックス
ニシキノボリハイラックス
ツチブタ

ツチブタ ツチブタ科
夜行性で、昼間は巣あなのなかでねます。長くてがんじょうなつめをもち、とても速くあなをほることができます。 100〜158cm 40〜82kg サハラ砂漠より南のアフリカ全域 草原 アリ、シロアリ

 Q：ツチブタの巣は、ほかの動物も利用するの？ A：イボイノシシが、敵からかくれるために利用します。

カイギュウ目の動物

Dr. ヤマギワのポイント！
カイギュウのなかまは、ゾウにちかく、水中で一生をすごすほ乳類のなかで唯一、植物を主食にする。人魚の伝説のモデルとされ、現在より過去に繁栄したグループなんだ。いま生きているのは、ジュゴン1種とマナティー3種だけ。

アメリカマナティー　マナティー科

マナティー科でいちばん大きく、夏は海で、冬は川や湖ですごします。泳ぐ速さは、時速8kmくらいです。 2.1〜4m　200〜600kg　カリブ海全域　海、川、湖　草

DVD 水中でのんびり

ズームアップ！ ジュゴンとマナティーのちがい

水平についている尾びれは、ジュゴンが半月形で切れこみが入っているのに対し、マナティーは丸みのある形をしています。また、ジュゴンのほうが、鼻づらが下を向いています。

▲ジュゴンの尾びれ

マナティーの子育て

アメリカマナティーが子どもに乳をやっています。ジュゴンやマナティーの乳首は、左右の胸びれのつけ根にひとつずつあります。

=体長　=体重　=分布　=生息環境　=おもな食べもの　=日本にいる動物　=日本にいる外来種　=絶滅危惧種

ジュゴン　ジュゴン科

単独かペアでくらし、温暖な海の水深1〜5mくらいのところで、昼も夜も食事をします。5分おきくらいに、呼吸のために浮上します。2.4〜4m　230〜908kg　沖縄、南太平洋の沿岸部　熱帯海域の浅瀬　海草、藻、エビ

大きさチェック　ジュゴン　アメリカマナティー

鼻づらで海底をほる

◀ジュゴンは、感覚毛のある敏感な鼻づらの先で海底をほりおこし、かたいくちびるで、むしゃむしゃと海草を食べます。

アフリカマナティー　マナティー科

すんだ浅い海の、水深5mくらいまでに生える海草を食べますが、淡水域に生える水草を食べるために、川や湖沼に入ることもあります。2.5〜4.5m　200〜600kg　アフリカ西部沿岸　川、河口ちかくの海　草、藻

アマゾンマナティー　マナティー科

淡水域だけでくらし、浮き草を食べます。泳いでいるときは、呼吸のため、3〜4分おきに浮上しなければなりません。2.5〜3m　480kg　アマゾン川　川、湖　草、果実

マナティーの食事

マナティーのなかまは、一日で、自分の体重の1割ほどの草や藻を食べます。

ズームアップ！　絶滅したステラーカイギュウ

北太平洋に生息していた体長が8mにもなる巨大なカイギュウです。1740年代に発見されると、すぐに乱獲され、1768年に捕獲されたのを最後に、すがたを消しました。

Q&A　Q：なぜ、ジュゴンは人魚のモデルなの？　A：ジュゴンの母親が赤ちゃんに乳をやるすがたが、人間を思い起こさせるからです。

アフリカトガリネズミ目の動物

Dr. ヤマギワのポイント！
アフリカで進化したグループで、テンレック目ともよばれる。マダガスカルにすむテンレックのなかまと、アフリカにすむモグラに似たキンモグラのなかまがいるよ。原始的なほ乳類で体温調節が苦手なんだ。

テンレック　テンレック科
アフリカトガリネズミ目でいちばん大きく、夜行性で、木の洞や岩の下に巣をつくります。乾季や冬は、地中にもぐり休眠します。📏26.5〜39cm ⚖1.6〜2.4kg 🌍マダガスカル島、コモロ諸島 🌳広いやぶ 🍓トカゲ、葉、果実など

ズームアップ！ テンレックの出産
テンレックは、一度に平均20頭前後、最高で32頭の子どもを産むこともあります。乳頭は最高で29個の記録があり、ほ乳類では最多です。

ハリテンレック　テンレック科
全身が、あらゆる方向を向いた針のような毛におおわれています。木のぼりがじょうずです。危険を感じると、ボールのように丸まって、身を守ります。
📏15〜22cm ⚖180〜270g 🌍マダガスカル島北部・東部 🌳森林 🍓昆虫、果実、ミミズ、小動物

ポタモガーレ　テンレック科
昼は、水中に出入り口のある岸の巣あなで休み、夜、太く長い尾を振って泳ぎ、ひげで水中の獲物をさがします。
📏29〜35cm、24.5〜29cm（尾長） ⚖0.3〜1kg 🌍アフリカ中部 🌳熱帯雨林 🍓カニ、魚、昆虫、小動物

📏=体長　⚖=体重　🌍=分布　🌳=生息環境　🍓=おもな食べもの　🇯🇵=日本にいる動物　🔵=日本にいる外来種　♥=絶滅危惧種

有毛目の動物

Dr.ヤマギワのポイント

この有毛目とつぎの被甲目は異節類に分類される。ほかのほ乳類には見られない異節類の特ちょうは、腰をつよくする特別な関節があることだ。そのなかで体毛があるアリクイとナマケモノのなかまが有毛目だ。

ズームアップ！ どうやってシロアリを食べるの？

するどいかぎづめ
かたいアリ塚を、するどいかぎづめでこわします。

長い舌
長さが60cmもあり、ねばねばした舌先にシロアリをくっつけて食べます。

シロアリを食べる
オオアリクイは、一日におよそ3万匹のシロアリを食べるといわれています。1分間で最高150回もの速さで舌を出し入れし、シロアリをなめとります。

オオアリクイ　オオアリクイ科

前足の大きなつめでアリ塚をこわして、シロアリを長い舌でなめとります。休むときは体を丸めて横になります。100～120cm、65～90cm（尾長）　18～39kg　中央・南アメリカ　森林、草原、沼地　シロアリ、アリ

リャノ
南アメリカの北部、ベネズエラとコロンビアにまたがる大草原を「リャノ」といいます。一年が、とても乾燥する乾季と、雨が多く川の氾濫する雨季に分かれています。ここはアリが豊富で、オオアリクイは、においで好物のアリをさがし出します。

大きさチェック　オオアリクイ　ヒメアリクイ　キタコアリクイ

アリクイのなかま

歯はまったくありません。アリとシロアリを食べるのに都合のいいように、前足のするどいつめ、細くて長い口先、長い舌を発達させてきました。

ヒメアリクイ ヒメアリクイ科
夜行性で、樹上で生活をしています。木の枝のなかにいるアリを食べます。最小のアリクイです。🏠 16～23cm、16.5～29.5cm（尾長）⚖ 0.3～0.5kg 🌐 メキシコ南部～ボリビア 🌲 森林 🍴 アリ

キタコアリクイ オオアリクイ科
昼は木の洞で休み、一日の半分ほどを木の上ですごします。夜、樹上にいるシロアリを大量に食べます。🏠 47～77cm、40～67cm（尾長）⚖ 2～7kg 🌐 中央・南アメリカ 🌲 森林、乾燥したサバンナ 🍴 シロアリ、蜜

オオアリクイの親子

子どもは、生まれて1年くらいは、母親の背中にのって運ばれます。親子の体のもようがつながって見えるので、空からねらうタカなどには、子どもがいることはわかりません。

📀 長い舌でシロアリ食い　📀 しっぽが掛け布団がわり

Dr.ヤマギワの なるほど！コラム

アードウルフ　ツチブタ　オオミミギツネ

アリ、シロアリを食べる動物たち

アリとシロアリは、たんぱく質と脂質を多くふくむ、栄養満点の食物です。さらに、巣であるアリ塚は見つけやすく、そこにはたくさんの獲物がいます。ですから、これらを主食にする動物はすくなくありません。

Q：オオアリクイは、どのようにアリ塚を見つけるの？　**A**：視力が弱いので、においで見つけます。

ナマケモノのなかま

樹上で葉を食べてくらし、おそい動作と、木の枝にぶら下がったまま、あまり動かないことで有名です。フタユビナマケモノ科とミユビナマケモノ科に分けられます。

有毛目

◀ミユビナマケモノ科は、首の骨の数が9個もあり、270度も首を回転させることができます。そのため、枝にぶら下がったまま、周囲の木の葉や芽を食べることができます。

ズームアップ！ 地上のナマケモノ

ナマケモノは、筋肉がすくなく、長いつめがじゃまになるので、地上で活動するのは苦手です。地上におりるのは週に一度ほど、木の根もとにふんをするときくらいです。

DVD 木の上で優雅にひなたぼっこ

ノドジロミユビナマケモノ

ミユビナマケモノ科

ミユビナマケモノ科には、前後の足にそれぞれ3本の指があります。一生のほとんどを、樹上ですごします。

🦴45.7～76.2cm ⚖2.3～5.5kg 🌍中央アメリカ～アルゼンチン北東部 🌳熱帯雨林 🌸果実、葉、枝、昆虫

🦴=体長 ⚖=体重 🌍=分布 🌳=生息環境 🌸=おもな食べもの 🇯🇵=日本にいる動物 🇯🇵=日本にいる外来種 ◆=絶滅危惧種

被甲目の動物

Dr. ヤマギワのポイント！
背のほぼ全面が、かたい骨の板でおおわれていて、ほ乳類では、アルマジロだけが、このような重い甲羅をもつ。甲羅は、種によって何本かの帯になるんだ。

ムツオビアルマジロ
アルマジロ科
甲の帯は6〜8本。昼間もよく活動します。地中に、長さ1〜2mのトンネルをほって食物をさがし、地上で死肉をあさることもあります。
🏠 40〜50cm、12〜24cm（尾長） ⚖ 3.2〜6.5kg 🌎 アンデス山脈東部 🌳 サバンナ
🍴 果実、根、昆虫、カエル

あなから出るムツオビアルマジロ
多くのアルマジロが夜行性で、巣あなにすみ、最高で一日16時間、たっぷりとねむります。

オオアルマジロ アルマジロ科 ◇
アルマジロ最大種です。夜行性で、前足でアリ塚をこわし、長い舌でシロアリをなめとります。 🏠 83〜96cm ⚖ 18.7〜32.3kg
🌎 南アメリカ北東部〜南東部 🌳 熱帯雨林、サバンナ、乾燥した森林 🍴 シロアリ、アリ

大きさチェック
ムツオビアルマジロ
オオアルマジロ
ミツオビアルマジロ

🏠=体長 ⚖=体重 🌎=分布 🌳=生息環境 🍴=おもな食べもの 🇯🇵=日本にいる動物 ●=日本にいる外来種 ◇=絶滅危惧種

トガリネズミ目の動物

> **Dr. ヤマギワのポイント！**
> トガリネズミ目は、かつては「モグラ目」とよばれていた。しかし、近年の研究によって「トガリネズミ目」、「ハリネズミ目」、「アフリカトガリネズミ目（36ページ）」に分けられたんだ。

- **鼻** 嗅覚がするどく、においで獲物をさがします
- **目** 目は小さく、あまりよく見えません
- **毛** ひじょうにやわらかい毛がびっしりと生えています
- **手** するどいつめと大きな手のひらは、土をほるのに適した形です

DVD モグラが泳ぐ
DVD トンネルをほって、ミミズを食べる

コウベモグラ　モグラ科

日本最大です。静岡県、長野県より西に分布し、とくに湿気の多い平地をこのみます。13〜19cm、1.5〜2.7cm（尾長）48〜175g　中部地方、四国、九州　山地、草地　ミミズ、昆虫

モグラ塚
トンネルをほったときに出る土を、地上におし出したものです。

モグラの巣
- 巣のあなの多くは、ほった土でふさがっている
- トンネルの幅は、モグラの体と同じくらいのことが多い
- するどい嗅覚で、ミミズなどの地中の虫をつかまえる
- トイレの上には、ナガエノスギタケが生えていることが多い
- トイレ
- 敵に出会ったときなどは、後ろ向きに速く進むことができる
- ミミズなど、食べものをためておく部屋
- 落ち葉をしきつめた寝室
- よく通るトンネルの壁は、モグラの毛でみがかれて、かたい
- モグラどうしが出会うと、激しいなわばり争いが起こる
- 壁にわきの下をこすりつけて、においづけをする

＝体長　＝体重　＝分布　＝生息環境　＝おもな食べもの　＝日本にいる動物　＝日本にいる外来種　＝絶滅危惧種

モグラのなかま

モグラ科は、多くが地中にトンネルをほり、なわばりをもって、単独で地下生活をします。目があまりよくないので、においや触覚で食べものをさがします。

ヒメヒミズ　モグラ科
日本のモグラ科でいちばん小さい種類です。標高の高い山に生息しています。🏠 7〜8.4cm、3.2〜4.4cm（尾長）⚖ 8〜15g
🌏 本州、四国、九州　🌲 森林　🍚 ミミズ、昆虫

ミズラモグラ　モグラ科
本州の高い山に点々と生息しています。落ち葉を使って巣をつくります。数はあまり多くいません。🏠 8〜11cm、2〜2.6cm（尾長）⚖ 26〜35g
🌏 本州　🌲 森林　🍚 ミミズ、昆虫など

Dr.ヤマギワのなるほど！コラム
モグラの東西対決
アズマモグラは、かつては西日本にもいましたが、体の大きいコウベモグラに東へ追いやられていったといわれています。富士山のあたりは溶岩地帯のため、コウベモグラは東にいけないとされています。

アズマモグラ／コウベモグラ

ヒミズ　モグラ科
モグラにくらべて前足が発達していないので土をほる力が弱く、落ち葉の下の浅い部分にトンネルをほってくらしています。🏠 8.9〜10cm、2.7〜3.8cm（尾長）⚖ 15〜26g　🌏 本州、四国、九州　🌲 森林、草原など　🍚 ミミズ、昆虫など

アズマモグラ　モグラ科
東日本に分布しています。コウベモグラよりも体が小さく、関東地方で見られるのは、この種類です。🏠 12〜16cm、1.4〜2.2cm（尾長）⚖ 48〜127g　🌏 本州の中部以北　🌲 山地、草地　🍚 ミミズ、昆虫

〈海外で見られるモグラ〉

ピレネーデスマン　モグラ科
川岸にほったトンネルを巣として、おもに水中生活をします。足には水かきがあり、泳いで獲物をとらえます。🏠 9.7〜13.3cm、13〜15cm（尾長）⚖ 35〜80g　🌏 フランス、イベリア半島　🌲 川や湖のちかく　🍚 ミミズ、昆虫、エビなど

ヨーロッパモグラ　モグラ科
だ液にふくむ毒で、獲物をまひさせて、とらえます。となり合うなわばりをもつモグラたちは、おたがいの接触をさけます。🏠 11〜16cm、2.5〜4cm（尾長）⚖ 72〜128g　🌏 ヨーロッパ　🌲 農地、草原など　🍚 ミミズ、昆虫

ホシバナモグラ　モグラ科
鼻の先の22本の突起が星のような形に開き、これで獲物をさがします。湿地に生息し、地中と水中の両方で獲物をとらえます。🏠 9〜12cm、6.5〜8.5cm（尾長）⚖ 35〜75g　🌏 北アメリカ東部　🌲 湿地など　🍚 ミミズ、昆虫、貝、魚

大きさチェック
ヒミズ／コウベモグラ／ミズラモグラ／ホシバナモグラ／アズマモグラ

Q&A　Q：モグラが日光にあたると死ぬって、ほんとうなの？　A：ちがいます。昼に地上へ出てくることもあり、日光浴だってします。

トガリネズミのなかま

ネズミと名前がついていますが、ネズミのなかまではありません。先がとがった長い鼻を、落ち葉や石のあいだに差しこんで、獲物をさがします。

水中での推進力

後ろ足の指のふちにはかたい毛が密に生えていて、水かきのようなはたらきをします。その足で水をけって進みます。

カワネズミ　トガリネズミ科 🇯🇵

山の渓流にすんでいて、おもに魚や水生昆虫をとらえます。巣は、川岸の石のあいだなどに枯れ葉を集めてつくります。📏 9.5〜13cm、9〜12cm（尾長）⚖️ 22〜56g 🌏 日本（北海道、沖縄をのぞく）🌲 渓流 🍲 魚、昆虫、エビなど

トウキョウトガリネズミ

トガリネズミ科 🇯🇵 ◇

ユーラシア大陸に広く分布するチビトガリネズミの亜種です。東京と名前がついていますが、北海道にしかいません。世界でいちばん小さなほ乳類のひとつです。📏 4cm、2.5cm（尾長）⚖️ 3g 🌏 日本、ユーラシア北部 🌲 森林、湿地 🍲 昆虫、ミミズなど

ミズトガリネズミ

トガリネズミ科

おもに夜行性で、水中での活動に適応した体をしています。水辺の地中に、乾燥した草や枯れ葉を集め、巣をつくります。📏 7〜10cm、5〜8cm（尾長）⚖️ 12〜18g 🌏 ユーラシア 🌲 川岸、湖畔 🍲 エビ、昆虫、魚

ジネズミ

トガリネズミ科 🇯🇵

動きが敏しょうで、夜、草むらや落ち葉のあいだを動きまわり、せまいすき間にひそむ小動物をつかまえます。📏 6.1〜8.4cm、3.9〜5.4cm（尾長）⚖️ 5〜13g 🌏 日本、韓国 🌲 川のちかくの茂み 🍲 昆虫

大きさチェック

トウキョウトガリネズミ
オオアシトガリネズミ
カワネズミ
ジャコウネズミ

📏=体長　⚖️=体重　🌏=分布　🌲=生息環境　🍲=おもな食べもの　🇯🇵=日本にいる動物　🔵=日本にいる外来種　◇=絶滅危惧種

ズームアップ！ トガリネズミの赤ちゃん

繁殖期は、温帯では3〜11月、熱帯では一年じゅうです。出産回数は年に1〜10回で、目があかない、無毛の子どもが生まれます。寿命は、12〜18か月と考えられています。

ブラリナトガリネズミ　トガリネズミ科

単独で、地下にトンネルをほってくらします。だ液は毒をふくみ、獲物をとらえるのに使います。 7.5〜11cm、1.7〜3cm（尾長） 18〜30g 北アメリカ中部・東部 雑木林、やぶなど 昆虫、ミミズ、種など

オオアシトガリネズミ　トガリネズミ科

トンネルをほってくらし、トンネル内や地上で出くわした小動物を食べます。目はよくありませんが、においで獲物をさがします。 5.4〜9.7cm、4〜4.3cm（尾長） 6〜19g 北海道、ロシア、中国 森林、草原 昆虫、ミミズ

ジャコウネズミ　トガリネズミ科

夜行性です。日本には南西諸島に分布しています。九州にいるものは外来生物と考えられています。 12〜16cm、6.1〜7.7cm（尾長） 45〜78g 日本、アジア南部 森林、農地 昆虫、種

シロハラジネズミ　トガリネズミ科

落ち葉の層、やぶ、岩だらけの場所など、いろいろなタイプの土地で、地下にトンネルをほって生活します。 6.8〜8.7cm、2.9〜4.6cm（尾長） 6〜13g ヨーロッパ中部〜カスピ海周辺 高原、森林 小動物、昆虫

Q：世界でいちばん小さいほ乳類は、なに？　A：トウキョウトガリネズミか、キティブタバナコウモリといわれています。

47

トガリネズミ目の動物

▼15〜16世紀ごろ、ヨーロッパ人が、イヌやネコなど異国の動物をもちこむまで、ハイチソレノドンは、イスパニョーラ島の支配的な肉食動物のひとつでした。

ハイチソレノドン ソレノドン科 ◇
ほ乳類にはめずらしく、だ液に毒がふくまれ、獲物をとらえたり、敵から身を守ったりするのに役立ちます。 📏28〜33cm ⚖0.6〜1kg 🌐イスパニョーラ島（カリブ海） 🌲森林、やぶ 🍱昆虫、幼虫、トカゲ、鳥、果実など

キューバソレノドン ソレノドン科 ◇
夜行性で、指だけを地面につけて歩きます。動きが敏しょうで、まっすぐ走ることはなく、いつもジグザグに進みます。 📏28〜39cm、17.5〜25.5cm（尾長） ⚖1kg 🌐キューバ東部 🌲洞窟、山林 🍱昆虫、幼虫、トカゲ、根、果実など

ハリネズミ目の動物

Dr.ヤマギワのポイント！
ハリネズミ科には、体にとげがあるハリネズミのなかまと、とげがないジムヌラのなかまがいるんだ。ソレノドン科は、西インド諸島の、ごくかぎられた地域にしか、すんでいない。

ジムヌラ ハリネズミ科
体のとげは、ありません。夜行性で、泳ぎがうまく、肛門腺から、とてもくさい液を出します。 📏26〜46cm ⚖0.5〜1.4kg 🌐東南アジア南部 🌲森林、湿地 🍱昆虫、エビ、貝、魚、果実など

◀肛門腺から出す液は、くさったタマネギやニンニクのようなにおいがします。数メートルはなれたところでも、わかるといいます。

📏=体長 ⚖=体重 🌐=分布 🌲=生息環境 🍱=おもな食べもの 🇯🇵=日本にいる動物 🔵=日本にいる外来種 ◇=絶滅危惧種

大きさチェック

ジムヌラ
キューバソレノドン
ハイチソレノドン
ナミハリネズミ

ナミハリネズミ　ハリネズミ科

体が、長さ2〜3cmほどのとげでおおわれ、これで敵から身を守ります。夜行性で、冬は冬眠をします。日本でも逃げ出したものが野生化し繁殖しています。13.5〜26.5cm、2cm(尾長) 0.8〜1.2kg　ヨーロッパ、ユーラシア　開けた森林、荒れ地、砂丘など　昆虫、幼虫、トカゲ、鳥、果実など

ナミハリネズミの親子

ナミハリネズミの子どもは、生まれて3週間ほどで、母親と巣から出かけるようになり、6〜7週間で乳離れすると、自分で巣を出るか、母親に追い出されます。

冬眠

ナミハリネズミは、木の下に生えている草のなかや低木の根もとに、草と枯れ葉で巣をつくり、冬は、周囲の気温と同じくらいにまで、体温を下げて、冬眠します。

ズームアップ！ とげのボール

ハリネズミは、顔とおなか、足をのぞく全身が、とげでおおわれています。大人は、5000本ほどのとげをもち、危険がせまると、ボール状になって身を守ります。強く体を丸めるほど、とげは、するどくなります。

 Q&A　Q:ハリネズミのとげはいたいの？　A:針状のとげを逆立てるといたいですが、ねかせているときはいたくありません。

49

コウモリ目の動物

Dr. ヤマギワのポイント!

コウモリは、長くのびた前足が翼となり、羽ばたいて飛ぶことのできる、唯一のほ乳類だ! ほ乳類ではネズミ目についで種類が多く、夜空を舞台に繁栄しているなかまなんだ。

ウオクイコウモリ

ウオクイコウモリ科

水面の魚の波紋を、エコーロケーションで見つけて、長い後ろ足でつかまえます。一晩に、30～40匹ほどとらえます。 📏9.8～13cm、1～1.5cm（尾長） ⏲60～78g 🌏北アメリカ南部～南アメリカ北部 🌳木の洞/川、湖、沿岸 🍚魚、昆虫

トビイロホオヒゲコウモリ

ヒナコウモリ科

アメリカでよく見られるコウモリです。翼や尾膜で、飛んでいる昆虫をすくうようにしてとらえます。 📏6～10cm、3.1～4cm（尾長） ⏲5～14g 🌏北アメリカ 🌳洞窟、建物/森林 🍚昆虫

エコーロケーション

小型コウモリは、口や鼻からすごく高い声（超音波）を出し、獲物などからはねかえってきた音を聞いて、その物体の位置や速さを知ることができます。これを、「エコーロケーション」といいます。

📏=体長 ⏲=体重 🌏=分布 🌳=生息環境（ねぐら/採餌場） 🍚=おもな食べもの 🇯🇵=日本にいる動物 🔵=日本にいる外来種 🔶=絶滅危惧種

小型コウモリのなかま❶

コキクガシラコウモリ
キクガシラコウモリ科 🇯🇵
平地から亜高山帯まで広く分布しています。キクガシラコウモリよりもずっと小型です。洞窟に数頭から数千頭ほどでやんでいます。 3.5〜5cm、1.6〜3cm(尾長) 4.5〜9g 日本 洞窟/森林 昆虫

ナミチスイコウモリ
ヘラコウモリ科
飛行だけでなく、歩いたりジャンプしたりしながら、ねむっている牛や馬にちかづき、皮ふに、するどい前歯で傷をつけ、流れ出る血をなめます。 7〜9cm 15〜50g 北アメリカ南部〜南アメリカ 木の洞、洞窟/森林、牧場 動物の血

血をなめる
血をおもに食べるコウモリは世界でたった3種で、ほ乳類の血を食べるのはナミチスイコウモリ1種だけです。血を吸うのではなく、じっさいはなめるだけです。

オオアラコウモリ　アラコウモリ科
肉食のコウモリです。狩りをするときは、大きな耳で獲物が出すカサコソという音をたよりにさがします。 6.5〜9.5cm 23〜60g アフガニスタン東部〜中国南部、マレー半島、スリランカ 洞窟、建物/森林 昆虫、カエル、鳥、小動物

ズームアップ！ コウモリの体
耳・顔・前足・第1指(親指)・第2指(人差し指)・第3指(中指)・第4指(薬指)・第5指(小指)・飛膜・腹・尾膜・尾・後ろ足

前足は、指が長くのびて、翼になっています。後ろ足の5本の指には、かぎづめがあり、木や岩にぶら下がるのに便利です。

大きさチェック
コキクガシラコウモリ
ナミチスイコウモリ
ウオクイコウモリ

Q：ナミチスイコウモリは、人間の血もなめるの？　**A**：肌を出してねていれば、人間の血もなめます。狂犬病をうつすこともあります。

オオコウモリのなかま

コウモリ目

ハイガシラオオコウモリ オオコウモリ科
翼を広げると1.5mにもなる大きなコウモリです。数万頭もの大集団をつくり、森や公園の木で休みます。 23～28.9cm 0.6～1kg オーストラリア東部 森林、人里／森林、人里 果実、花の蜜

Dr.ヤマギワの なるほど！コラム

なぜ逆さまにぶら下がるの？

地上に立つよりも、ぶら下がるほうが力がいらないので、足の骨や筋肉を細くして、体重を軽くすることができます。また、ひざの関節は人間とは逆なので、足を前に曲げることができます。これは飛んでいるときに尾膜を調整したり、木の枝や壁にとまるときに役立つと考えられています。いっぽう、地上はうまく歩けません。

パラステングフルーツコウモリ
オオコウモリ科

テングのように鼻がとがって左右につき出しています。翼には、緑色に黄色のもようがあり、まるで木もれ日を浴びた葉のようです。 7.5～13.6cm 25～42g インドネシア 森林／森林 果実

クビワオオコウモリ
オオコウモリ科

昼間は木の枝にぶら下がってねむり、日没ごろに、単独で活動を開始します。ねぐらとする場所をよく移します。日本には、エラブオオコウモリ、ダイトウオオコウモリ、ヤエヤマオオコウモリ、オリイオオコウモリ（右の写真）の4亜種がいます。 22cm 218～662g 南西諸島、台湾、フィリピン北部 森林／森林、人里 果実、花、葉

=体長　=体重　=分布　=生息環境（ねぐら／採餌場）　=おもな食べもの　=日本にいる動物　=日本にいる外来種　=絶滅危惧種

●日本にいるコウモリ

コウモリは、日本にいる陸上ほ乳類のなかで、もっとも種類の多い動物です。ここでは身近なコウモリなどを中心に、一部を紹介します。

Ⓐ=北海道に生息　Ⓑ=本州に生息
Ⓒ=四国に生息　Ⓓ=九州に生息(沖縄をのぞく)
┈┈=島などかぎられた地域に生息

クロアカコウモリ ヒナコウモリ科
オレンジと黒のコントラストがうつくしいコウモリです。日本では対馬でしか見つかっていません。5.6〜6.9cm、4.3〜5.1cm(尾長) 6g 日本(対馬)、東アジア 不明／森林 昆虫

クロオオアブラコウモリ ⒶⒷ ヒナコウモリ科
日本での記録はすくないですが、最近、北海道や青森では夏も冬もいることがわかりました。5.5〜6.5cm、3.5〜4.3cm(尾長) 4〜7g 日本(北海道、青森、対馬)、東アジア 建物／不明 昆虫

テングコウモリ ⒶⒷⒸⒹ ヒナコウモリ科
鼻が左右に筒のようにつき出ています。洞窟や木の洞などに、単独か数頭ですみます。地面にちかいところを飛ぶこともあります。4.7〜6.7cm、3.6〜4.6cm(尾長) 9〜15g 日本、東アジア 洞窟、木の洞、枯れ葉のなかなど／森林 昆虫

モモジロコウモリ ⒶⒷⒸⒹ ヒナコウモリ科
池や川の上にいる昆虫を食べることが多いため、水面すれすれでよく見られます。ねぐらに、ほかの種のコウモリがまざっていることがあります。4.4〜6.3cm 5.5〜11g 日本、東アジア 洞窟／森林、水面 昆虫

アブラコウモリ(イエコウモリ) ⒶⒷⒸⒹ
ヒナコウモリ科
人家にすみつくコウモリで、夕方にねぐらを出ると、川原や公園、原っぱなどの、あまり高くないところを飛びまわって、小さい虫をとらえます。3.8〜6cm、2.9〜4.5cm(尾長) 5〜11g 日本、東アジア、東南アジア 建物／人里周辺 昆虫

ヤマコウモリ ⒶⒷⒸ ヒナコウモリ科
日本の昆虫食のコウモリのなかでは最大級です。空の高いところを、速く一直線に飛びます。8.9〜11cm、5.1〜6.7cm(尾長) 35〜60g 日本、東アジア 木の洞、建物／開けたところ 昆虫

カグラコウモリ
カグラコウモリ科
数頭から数百頭の群れで洞窟にすみ、20〜30cmの間隔をあけてぶら下がります。6.8〜8.9cm、4〜5.2cm(尾長) 20〜32g 八重山列島 洞窟／森林 昆虫

リュウキュウテングコウモリ
ヒナコウモリ科
1996年に発見されました。木の洞や枯れ葉のなかをねぐらにします。夜、森林内を飛んでいる昆虫をとらえて食べます。4.5〜5.5cm、3.5〜4.5cm(尾長) 8g 沖縄島北部、奄美大島、徳之島 木の洞、枯れ葉／森林 昆虫

対馬

九州　四国

口永良部島
トカラ列島

エラブオオコウモリ 亜種
クビワオオコウモリのもっとも数がすくない亜種です。オオコウモリとしては北に分布し、冬には活動がにぶくなるといわれています。口永良部島、トカラ列島(→54ページ)

奄美大島
奄美諸島
徳之島
沖縄島
沖縄諸島

与那国島
八重山列島
石垣島
西表島
波照間島

北大東島
南大東島

ダイトウオオコウモリ 亜種
クビワオオコウモリの亜種です。ほかの亜種にくらべて色が淡いのが特ちょうです。全部で300〜400頭くらいしかいません。南大東島、北大東島
(→54ページ)

=体長　=体重　=分布　=生息環境(ねぐら／採餌場)　=おもな食べもの　=日本にいる動物　=日本にいる外来種　=絶滅危惧種

ⒶⒷⒸⒹ
コキクガシラコウモリ
(→51ページ)

ⒶⒷⒸ
チチブコウモリ　ヒナコウモリ科
左右の大きな耳が、根もとでくっついています。 🦇 5〜6.3cm、4.3〜5.4cm（尾長） ⚖ 8〜12g 🌏 日本、アジア 🌳 洞窟、トンネル/不明 🍥 昆虫

ⒷⒸⒹ
ユビナガコウモリ　ユビナガコウモリ科
洞窟に、数千頭から数万頭にもなる大群をつくります。翼が長く、空高く、高速で飛びまわります。 🦇 5.6〜6.7cm、4〜5.5cm（尾長） ⚖ 10〜18g 🌏 日本、アジア 🌳 洞窟/上空 🍥 昆虫

北海道

ⒶⒷⒸⒹ
ヒナコウモリ　ヒナコウモリ科
数頭から数千頭もの群れでくらします。最近、新幹線の高架のすき間をねぐらにしているのが見つかっています。 🦇 6.8〜8cm、3.5〜5cm（尾長） ⚖ 14〜30g 🌏 日本、東アジア 🌳 木の洞、建物、岩のわれ目/開けたところ 🍥 昆虫

ⒶⒷⒸⒹ
オヒキコウモリ　オヒキコウモリ科
もっとも速く飛ぶコウモリのひとつです。長い尾が尾膜からつき出して見えるのが特ちょうです。 🦇 8.4〜9.4cm、4.8〜5.6cm（尾長） ⚖ 30〜40g 🌏 日本（部分的に分布）、東アジア 🌳 がけ、建物/上空 🍥 昆虫

ⒶⒷ
カグヤコウモリ　ヒナコウモリ科

昼は、木の洞をねぐらにしますが、メスは、家屋のなかで、出産と子育てのためのコロニーをつくることもあります。 🦇 4.4〜5.6cm、3.8〜4.7cm（尾長） ⚖ 6〜11g 🌏 日本（北海道、本州中部以北）、東アジア 🌳 木の洞、人家/森林 🍥 昆虫

佐渡島

本州

ⒶⒷⒸⒹ
ニホンウサギコウモリ　ヒナコウモリ科
空中で停止飛行をしながら、木の葉などにとまっている昆虫をつかまえます。特ちょう的な長い耳は、休息中には、折りたたまれます。 🦇 4〜5cm、3.4〜5cm（尾長） ⚖ 5〜12g 🌏 日本 🌳 洞窟、建物/森林 🍥 昆虫

小笠原諸島　父島　母島

オガサワラオオコウモリ
オオコウモリ科
夜行性で、昼は木にぶら下がり、休みます。父島では、冬に数頭がだんごのようにくっつき合ってねます。 🦇 20〜24cm ⚖ 375〜580g 🌏 小笠原諸島 🌳 森林/森林 🍥 果実、花の蜜、葉

Dr.ヤマギワの なるほど！コラム

都会でくらす アブラコウモリ

コウモリは、わたしたちにもっとも身近な野生動物です。とくにアブラコウモリは、建造物のすき間にすむので、大都会でもかんたんにすがたを見ることができます。

Q：日本には何種類のコウモリがいるの？　A：37種が記録されていて、日本の陸上ほ乳類の約3分の1をしめます。

57

センザンコウ目の動物

Dr.ヤマギワのポイント！
センザンコウ科は、おなかと足の内側をのぞく全身が、かたいうろこにおおわれている。アリとシロアリが主食で、歯がないかわりに、小石を飲みこみ、筋肉でできた胃を動かして、食べものをすりつぶして消化するんだ！

ズームアップ！ うろこ
センザンコウのうろこは、毛が変化したもので、その数は、1頭で300枚にものぼります。中国では、古くから、薬として売買されてきました。センザンコウは、薬だけではなく、食用としても需要が高く、密猟問題が深刻化しています。

オオセンザンコウ　センザンコウ科 ◇
最大のセンザンコウです。地上で生活し、泳ぐこともできます。70cmもある舌を使って、アリやシロアリをなめとります。　1.4m(全長、オス)、1.3m(全長、メス)　33kg　アフリカの赤道付近　森林、サバンナ　シロアリ、アリ

Dr.ヤマギワの なるほど！コラム
敵から身を守る
敵におそわれると、弱点のやわらかいおなかを守るために、体をボール状に丸めます。うろこはふちがカミソリのようにするどくなっていて、けがをすることがあります。しかし、かむ力が強いハイエナや大型のネコ科の動物にはかないません。

サバンナセンザンコウ　センザンコウ科
昼は、深さ6mになる巣あなでねむります。ツチブタなど、シロアリを食べる動物がほかにいるところでは、アリを食べます。　50～60cm、40～50cm(尾長)　15～18kg　南アフリカ北部　森林、サバンナ　シロアリ、アリ

キノボリセンザンコウ　センザンコウ科 ◇
おもに単独で、樹上でくらします。昼は木の洞、枝に生える植物のあいだ、枝のふたまたで休み、夜に活動します。　35～45cm、50cm(尾長)　1.8～2.4kg　アフリカ中部・南部　降雨林　シロアリ、アリ

マレーセンザンコウ
センザンコウ科
夜行性で、ふだんは4本足でゆっくり歩きますが、危険を感じると、二足歩行ですばやく移動します。木のぼりも得意です。 40～65cm、35～56cm（尾長） 10kg 東南アジア 標高1000mくらいの熱帯雨林 シロアリ、アリ

オナガセンザンコウ
センザンコウ科
樹上で、単独でくらし、昼に活動します。長い尾を枝に巻きつけて体をささえ、木の上のアリの巣から、アリを食べます。 30～40cm、60～70cm（尾長） 2～3kg ウガンダ～セネガル、アンゴラ 森林 シロアリ、アリ

泳ぎが得意
センザンコウはうろこがとても軽いので、水に入ってもしずまずに、じょうずに泳ぐことができます。

大きさチェック
オオセンザンコウ
オナガセンザンコウ
キノボリセンザンコウ

Q&A Q：センザンコウの武器は？ A：うろこのふちが刃物のようにするどいので、尾を振りまわして敵を攻撃します。

ライオン
Lion

ネコ目の動物

Dr. ヤマギワのポイント！
ネコ目は、ネコのなかまとイヌのなかまに大きく2つに分かれる。どちらもほかの動物をとらえ、その肉を食べるのに適した体をしており、力強いあご、肉を切りさくするどい歯、すぐれた運動能力をそなえているんだ。食肉目ともよばれる。

ライオン ネコ科
ネコ科ではめずらしく、群れでくらします。暑い日中は休み、涼しくなる夕方から夜に、狩りに出かけます。狩りでは、最高時速60kmほどで走ることができます。インドライオン、マサイライオンなど、7つの亜種がいます。 240〜330cm、60〜100cm(尾長) 189〜272kg サハラ砂漠より南のアフリカ、インド サバンナ 大型ほ乳類、小動物

見てみよう！戦え！アニマルズ DVD オスの役割、メスの役割

ライオンの体

たてがみ 量が多く、色が濃いほど、強いオスとされます

耳 音をよく集める、大きな耳たぶをもちます

目 暗いところでもよくものが見えます

鼻 においに敏感で、嗅覚でコミュニケーションをとります

前足 狩りでは、まず前足で、獲物に一撃をくわえます

口 大きな犬歯が目立ちます

足裏 肉球が厚いので、歩いても音がしません

Q&A Q：ライオンのオスはなぜ「子殺し」をするの？ A：前のリーダーの子を殺して、自分の子を産ませるためです。

アフリカスイギュウをしとめるメスたち

ライオンが獲物をしとめるときは、小さな獲物なら、前足の一撃でたおし、大きな獲物ならば、のどをかんで殺すか、口と鼻をかんで窒息させて殺します。

ネコ目

まず、2頭のメスが、アフリカスイギュウの群れの背後にしのびよります。

2頭は、とつぜん疾走をはじめて、風下のほかのメスたちが待ちぶせしている方向へ、スイギュウたちを追いこみます。

待ちぶせしていたメスたちは、群れのうち1頭に集中しておそいかかります。

ライオンのグループハンティング

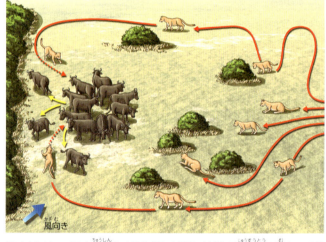

風向き

ライオンは、メスを中心とする「プライド」とよばれる十数頭の群れでくらしています。狩りはプライドのメスたちが散らばって獲物にちかづき、1頭にねらいを定めて、しとめます。

大きさチェック

ライオン　チーター

62　▭=体長　⚖=体重　🌐=分布　🌲=生息環境　🧁=おもな食べもの　🇯🇵=日本にいる動物　🔵=日本にいる外来種　♦=絶滅危惧種

ネコのなかま❶

ネコ科の動物は、筋肉質でしなやかな体をもち、高い瞬発力とスピードをかねそなえた狩りの達人です。チーター以外はつめを足の指にしまうことができます。ほとんどが群れをつくらず、単独でくらしています。

チーター　ネコ科
動物のなかで最速で、時速110kmで走ることができるといわれています。とくに加速が速く、短時間で獲物に追いつき、とらえます。 121〜150cm、70〜81cm(尾長) 53.5kg サハラ砂漠より南のアフリカ、イラン北部 サバンナ 大型ほ乳類、小動物

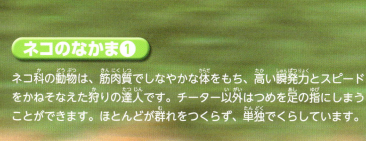

DVD 世界一の快速走法

クロヒョウ

DVD 茂みにカムフラージュ

ヒョウ　ネコ科
寒帯の森から砂漠まで、いろいろな環境でくらすことができ、アジアからアフリカまでひじょうに広い地域に生息しています。木のぼりが得意です。 160〜230cm 28〜90kg 極東ロシア、アジア、アフリカ 森林、岩山、草原、砂漠 大型ほ乳類、小動物

ウンピョウ　ネコ科
ネコ科でもとくに木のぼりがうまく、樹上で狩りをしたり、後ろ足で木にぶら下がり、下を通る獲物をおそったりします。 75〜105cm、79〜90cm(尾長) 18〜22kg ヒマラヤ山脈南部〜東南アジア 標高3000mくらいの熱帯林 大型ほ乳類、小動物

ジャガー　ネコ科
アメリカ大陸では、最大のネコ科の動物です。泳ぎが得意で、川でワニやカメ、魚をとらえることもあります。 150〜180cm、70〜90cm(尾長) 68〜136kg 北アメリカ南部〜南アメリカ北部 熱帯雨林、草地 大型ほ乳類、小動物

Dr.ヤマギワの なるほど！コラム

キングチーター
ふつうのチーターとはまったくちがう、しまもようの体をしています。発見当初は別種と思われていましたが、ごくまれにこのようなもようのチーターが生まれてくることがわかり、現在では同種であると判明しています。クロヒョウも、斑点もようのヒョウとは、色ももようもちがいますが、ヒョウと同種です。

ユキヒョウ　ネコ科
冬は寒さをふせぐために、厚い毛でおおわれます。季節による獲物の移動に合わせ、標高2000〜6000mの高山帯でくらします。ジャンプ力があり、15mも飛びます。 100〜130cm、80〜100cm(尾長) 25〜75kg 中央アジア 標高2000〜6000mの森林 大型ほ乳類、小動物

DVD がけを走る身のこなし

Q：いちばん遠くまでジャンプできるほ乳類は、なに？　A：ユキヒョウです。およそ15mの距離をひと飛びした記録があります。

肉食のハンターたち

ネコ科の大型の肉食獣は、するどいきばと強いあごで獲物をねらいます。群れで狩りをしたり、木の上から獲物をねらったりと、狩りの方法もさまざまです。

アマゾンの王者

アマゾンにすむジャガーは、カイマンをかみ殺すほどの強いあごをもちます。ネコ科にはめずらしく、水のなかを泳いで獲物をおそうこともあります。

獲物をよこどり

写真は、ブチハイエナが、ライオンの獲物をよこどりするチャンスをねらっているところです。ライオンがハイエナの獲物をよこどりすることもあります。

獲物を運ぶ

ヒョウは、とらえた獲物を木の上に運んで食べます。ハイエナと獲物の取り合いになったり（写真）、木の上から獲物をおそうこともあります。

高速ハンター

最高時速110kmものスピードで狩りをするチーターは、獲物に追いつくとすばやく前足でおさえつけ、首にかみつくなどして獲物をとらえます。

ネコのなかま❷

トラ ネコ科 ◇

ネコ科のなかでいちばん大きく、夜行性の獰猛なハンターです。広いなわばりをもち、単独でくらします。

📏 198〜370cm　⚖ 91〜423kg　🌏 東南アジア〜インド、シベリア東部　🌲 森林、湿地　🍚 大型ほ乳類、小動物、鳥、魚など

DVD 見てみよう！ びっくり隠れ術
しましまもようで、かくれる

アムールトラ（シベリアトラ）
亜種 ◇
寒冷な地域にすみ、ほかのトラとくらべて、冬毛が長く、淡い色をしているのが特ちょうです。

トラの亜種
トラは地域によって、体の大きさ、毛の長さ、色、しまの数に差があります。最大の亜種はアムールトラで、最少はスマトラトラです。トラはシベリアが起源とされています。

後ろ足
とても発達していて、ジャンプ力にすぐれている

大きさチェック

トラ

ズームアップ！ おしっこでにおいづけ

トラは、木の幹などにいきおいよくおしっこをかけて、においづけ（マーキング）をします。なわばりをアピールしたり、恋の相手をひきつけるなどの役割があります。

DVD 見てみよう！ びっくり！ちょっと失礼選手権
おしっこのにおいでアピール

Dr.ヤマギワの なるほど！コラム

ベルクマンの法則

ほ乳類では、同じ種であっても、北の寒い地域にすむものほど、体が大きい傾向にあります。これは、体が大きいほど、体重あたりの体の表面積が小さくなって熱が逃げにくくなり、寒いところでも平気でいられるからです。発見者の名にちなんで、これを「ベルクマンの法則」といいます。

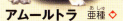

スマトラトラ 亜種◇
📏 204cm（オス平均）　⚖ 136kg
🌏 スマトラ島

ベンガルトラ 亜種◇
📏 290cm（オス平均）　⚖ 221kg
🌏 インド、中国南部、ネパール、ブータンなど

アムールトラ 亜種◇
📏 315cm（オス平均）　⚖ 248kg
🌏 ロシア東部、中国東北部、北朝鮮北部

トラの子育て
子育てはメスのみでおこないます。母トラは、子どもの前で獲物の首をかんだり、肉を食べたりして、子どもに狩りのしかたを教えます。

おどろきのジャンプ力
体は大きいですが、ジャンプ力にすぐれていて、茂みからいっきに飛び出して獲物をとらえます。

あご
力がとても強く、獲物の首をかんで窒息死させることができる

前足
一撃でスイギュウの首を折るほどのパンチ力をもつ

足の裏
肉球が厚く、音を立てずに獲物にちかづくことができる

Q&A Q：トラは強いのに、なぜ絶滅危惧種なの？　A：漢方薬などに使われ、古くから人間に狩られてきたためです。

ネコのなかま③

日本のヤマネコ

日本には、西表島と対馬にベンガルヤマネコの2亜種が生息しています。

イリオモテヤマネコ　亜種

特別天然記念物

1965年に、沖縄県の西表島で発見されました。カニから鳥まで生きているものならば、なんでも獲物にするので、小さな島でも生きのこってこれました。ベンガルヤマネコの亜種です。　70～90cm　3.7～4.7kg　沖縄県西表島　森林　小動物、鳥、昆虫、魚、エビ

◀繁殖期のオスとメス。左がメスで、オスの求愛を拒絶しています。

グルメな生活

鳥やカエル、魚など、島にいる小動物ならばなんでも獲物にします。

川を泳ぐ

ネコのなかまとしてはめずらしく、泳ぐのが得意です。

Dr.ヤマギワの なるほど！コラム

世紀の発見

20世紀までに、ほとんどのほ乳動物が発見されてしまい、新種は見つからないと思われていました。ところが、西表島には未知のヤマネコがいるとわかり、1965年、動物作家の戸川幸夫氏が島からもちかえった毛皮やふんなどをもとに、動物学者の今泉吉典博士らが調査を開始。翌年に2頭が捕獲され、くわしく調べられました。その結果、新種のヤマネコとわかり、1967年に世界に発表されたのです。現在は100頭ほどがいると考えられていますが、交通事故によって死ぬことが多く、絶滅が心配されています。

▲1965年の調査のようす。左上にいるのが戸川幸夫氏。

ツシマヤマネコ　亜種

ベンガルヤマネコの亜種で、日本の対馬だけに生息しています。平地の水田などでも狩りをします。　49～58cm、22～25cm(尾長)　3.5～5kg　長崎県対馬　森林　小動物、鳥、昆虫

大きさチェック

ツシマヤマネコ
サビイロネコ
イリオモテヤマネコ
スナドリネコ

サビイロネコ ネコ科
樹上で生活する、とても小さなネコで、ベンガルヤマネコにちかく、夜に単独で行動します。35〜45cm、15〜25cm(尾長) 1〜2kg インド、スリランカ 熱帯林、草原 小動物、鳥、昆虫

ヨーロッパヤマネコ ネコ科
野生化したイエネコとの雑種がふえて、問題になっています。50〜75cm、21〜35cm(尾長) 5kg(オス)、3.5kg(メス) ヨーロッパ〜ロシア西部 落葉樹林 小動物、大型ほ乳類、鳥、卵、昆虫など

ベンガルヤマネコ ネコ科
川辺が好きで、泳ぎも木のぼりもじょうずです。繁殖期以外は、単独で活動します。60〜90cm、28〜37cm(尾長) 2〜8kg インド〜東南アジア〜シベリア南東部 水場のちかく、森林 小動物、大型ほ乳類、鳥、昆虫、魚、エビ

水辺のスナドリネコ
水にもぐって魚をとったり、ときには水鳥を水中からおそったりします。

スナドリネコ ネコ科
水辺でくらし、魚を食べるためによく泳ぐので、指のあいだには小さな水かきがあります。66〜86cm、25〜28cm(尾長) 6〜12kg インド〜東南アジア 沼や川にちかい湿地 魚、エビ、小動物、大型ほ乳類

DVD 魚をつかまえる

Q：どうしてスナドリネコっていうの？　A：すなどりは「漁」という意味で、魚をとる習性から名づけられました。

69

ネコのなかま④

ガラガラヘビにネコパンチをするボブキャット。

ボブキャット ネコ科
体が小さいわりに、がっしりして、力が強く、木のぼりも泳ぎもじょうずです。 65〜105cm、11〜19cm（尾長） 4〜15kg 北アメリカ 森林、半砂漠、山地 小動物、大型ほ乳類、鳥など

スペインオオヤマネコ ネコ科 ◇
うつくしい毛皮のための乱獲と、獲物であるアナウサギの減少により、絶滅の危機にあります。 65〜100cm、5〜19cm（尾長） 5〜15kg スペイン、ポルトガル 山地、湿地 小動物、大型ほ乳類、鳥

大きさチェック
オオヤマネコ　ボブキャット　クロアシネコ　ジャングルキャット

雪山のオオヤマネコ
冬には厚い毛におおわれ、寒い雪山ですごします。長い足と大きな足の裏をもち、雪の上をじょうずに歩くことができます。

オオヤマネコ ネコ科
耳先の長い毛が特ちょうです。自分より何倍も大きい、シカやヒツジをおそったりします。 70〜130cm 18〜36kg ヨーロッパ〜中央アジア 森林、岩山 小動物、大型ほ乳類、鳥

＝体長　＝体重　＝分布　＝生息環境　＝おもな食べもの　＝日本にいる動物　＝日本にいる外来種　◇＝絶滅危惧種

ネコのなかま⑤

ピューマ　ネコ科
北アメリカから南アメリカの広い範囲に生息し、森から砂漠までさまざまな環境に適応しています。木のぼりも泳ぎもジャンプも得意です。🏠102～154cm（オス）、86～131cm（メス）、63～96cm（尾長）⚖36～120kg（オス）、29～64kg（メス）🌍北アメリカ～南アメリカ 🌲山地、森林、草原 🍱大型ほ乳類、小動物、鳥、魚など

ピューマは、夏と冬で行動する範囲が大きくかわります。夏は、300km²という広い場所を動きまわりますが、冬はその半分以下です。それは、獲物となるシカの行動範囲と重なっているからです。

マーゲイ　ネコ科
おもに樹上でくらします。後ろ足のつくりが特別で、頭から木をかけおりることができます。🏠46.3～79cm、33.1～51cm（尾長）⚖2.6～3.9kg 🌍中央アメリカ～南アメリカ北部 🌲熱帯や亜熱帯の森林 🍱小動物、鳥、ヘビ、ミミズ、果実など

サーバル　ネコ科
足が長く、丈の高い草原での狩りに有利です。木のぼりも泳ぎも得意で、ジャンプ力もあります。🏠67～100cm、24～45cm（尾長）⚖8～18kg 🌍サハラ砂漠より南のアフリカ 🌲サバンナ 🍱小動物、鳥、ヘビなど

DVD 見てみよう！びっくり狩りの術 毒ヘビにネコパンチ！

カラカル　ネコ科
よく木にのぼります。とても敏しょうで、飛び立つ鳥を、ジャンプしてとらえます。🏠62～91cm、18～34cm（尾長）⚖13～20kg 🌍アフリカ～アジア南西部 🌲森林、草原 🍱小動物、大型ほ乳類、トカゲ、鳥

DVD 見てみよう！びっくりとぶ術 すごい連続ジャンプを見てみよう

ジャガランディ　ネコ科
泳ぐのが得意です。森林で狩りがしやすいように、前足は短く、後ろ足は長くなっています。🏠50.5～77cm、33～60cm（尾長）⚖4.5～9kg 🌍北アメリカ南部～南アメリカ北部 🌲草原、熱帯雨林 🍱小動物、鳥、魚など

オセロット　ネコ科
夜行性で、おもに地上でくらしますが、木のぼり、泳ぎ、ジャンプともに得意です。🏠55～100cm、30～45cm（尾長）⚖10～11.2kg（オス）、8.8～9.4kg（メス）🌍北アメリカ南部～南アメリカ北部 🌲熱帯林、山地 🍱小動物、鳥、魚

大きさチェック　サーバル　オセロット　カラカル　ピューマ

🏠=体長　⚖=体重　🌍=分布　🌲=生息環境　🍱=おもな食べもの　🇯🇵=日本にいる動物　🔵=日本にいる外来種　🔶=絶滅危惧種

ネコの品種（イエネコ）

イエネコは、野生のリビアヤマネコを人が飼いならしたもので、ペットとして世界じゅうで飼われています。

メイン・クーン
アメリカでいちばん古い、大型の品種です。性格はおおらかで、ストレスをあまり感じません。ほかのペットとの同居も平気です。

ペルシャ
毛の長いネコの代表です。人間にかまわれるのが大好きで、ほかのペットとの同居も、なれれば平気です。

アメリカン・ショートヘア
アメリカ原産です。あそび好きですが、なわばり意識が強く、ほかのネコといっしょに飼うのには、向いていません。

ロシアン・ブルー
ロシア原産で、緑色の目が特ちょうです。高いところが好きで、飼い主には、特別な愛情を示すいっぽう、人見知りをします。

シャム
シャム（現在のタイ）原産で、王室のネコとして、大切にされてきました。運動能力が高く、喜怒哀楽がはっきりしています。

アビシニアン
イギリスにもちこまれた、アビシニア（現在のエチオピア）のネコから、つくられました。活発で好奇心が旺盛です。

ヒマラヤン
アメリカ原産で、ペルシャとシャムの交配によりつくられました。人間とあそぶのは大好きですが、運動神経は、あまりよくありません。

スコティッシュ・フォールド
スコットランド原産で、耳が前に折れているのが特ちょうです。マイペースで、落ち着いた時間をすごすのが好きです。

Dr.ヤマギワの なるほど！コラム

イエネコとヤマネコ

イエネコは、昔、西アジアの人たちが野生のリビアヤマネコを家畜にしたものと考えられていて、ヤマネコとは別種です。ヤマネコの耳の裏側には、たいてい「虎耳状斑」とよばれる白いもようがあるので、イエネコと見分けることができます。

▲リビアヤマネコ　▲虎耳状斑

Q：ネコが草を食べるのは、なぜ？　A：胃に入れた悪い食物や毛玉を、草とともにはき出すためです。

73

マングースのなかま

マングース科はたいてい、長い胴と短い足、小さな丸い耳をもちます。多くが地上で生活し、単独でくらすものは夜行性、集団でくらすものは昼行性の傾向にあります。

ミーアキャット マングース科

数十頭の群れでくらします。巣あなから出て、後ろ足で立ち上がり、日光浴をしたり、まわりを警戒したりするすがたが有名です。 🏠 25～35cm、17.5～25cm（尾長） ⚖ 730g（オス）、720g（メス） 🌏 アフリカ南部 🌲 砂漠、サバンナ 🧁 サソリ、昆虫、小動物など

DVD 見てみよう！ 甦れ！アニマルズ
子どもに狩りを教える

DVD 見てみよう！ のんびり脱力 イラッしゃい選手権
朝のひなたぼっこ

DVD 見てみよう！ びっくり NG大賞
サソリにはさまれるな！

カラハリ砂漠のミーアキャット

砂漠は、雨の量がすくないため、植物がわずかしか育たず、地面の大部分が、岩石、砂や小石でおおわれています。気温も高く、最高気温が45℃になることも、めずらしくありません。また、温度の変化も大きく、一日の気温の差は、20℃にもなります。朝、寒いと感じると、ミーアキャットは、巣あなの外で日光浴をします。

ネコ目

🏠＝体長　⚖＝体重　🌏＝分布　🌲＝生息環境　🧁＝おもな食べもの　●＝日本にいる動物　●＝日本にいる外来種　◆＝絶滅危惧種

ジャコウネコなどのなかま

ジャコウネコ科は、多くが夜行性で、森林の樹上でくらし、待ちぶせして、獲物をおそいます。肛門のちかくに、臭腺があり、そこから、独特のにおいのする液、じゃ香を出します。

ヨーロッパジェネット　ジャコウネコ科

動きが敏しょうで、夜、地上と樹上で狩りをします。昼は、岩のわれ目や枝の上など、場所をかえながら休みます。 84～105cm、33～51cm(尾長) 1.4～2.5kg フランス南部、イベリア半島、アフリカ 森林、乾燥地 小動物、昆虫、トカゲ、鳥

ジャコウネコと香水

アフリカジャコウネコのじゃ香は、古くから香水の原料として、珍重されてきました。捕獲された野生のジャコウネコは、じゃ香を採取しやすいよう、小さなおりのなかで飼育されます。

パームシベット（マレージャコウネコ）　ジャコウネコ科

おもに樹上でくらしますが、人家のちかくにもすがたを見せます。尾をつっぱって、体をささえながら、木にのぼります。 43～71cm、41～66cm(尾長) 2～5kg インド北部～東南アジア 熱帯林 果実、トカゲ、昆虫、卵

アフリカジャコウネコ　ジャコウネコ科

単独でくらし、地上で狩りをします。移動ルートの決まった場所に、ふんを積み上げ、自分がいることを知らせます。 61～91cm、43～61cm(尾長) 12～15kg アフリカ南部・中部 森林、草原 果実、昆虫、小動物など

ハクビシン　ジャコウネコ科

木のぼりが得意で、果実が好物です。人家の屋根裏にすみつくこともあります。日本にいるものは、人が連れてきた外来生物と考えられていますが、はっきりしたことはわかっていません。 50～76cm、50～64cm(尾長) 3.6～5kg 東南アジア～インド北部 森林 果実、小動物、昆虫など

ビントロング　ジャコウネコ科

別名クマネコ。長くがんじょうな尾を枝に巻きつけて、体をささえながら、枝から枝へ移動します。 61～96cm、50～84cm(尾長) 19～20kg インド北部～東南アジア 森林 果実、葉、小動物、魚

フォッサ　マダガスカルマングース科

おもに夜行性で、木のぼりがじょうずです。前足で獲物をとらえると、するどい歯のひとかみでしとめます。 61～80cm 7～12kg マダガスカル島 標高2000mくらいまでの森林 小動物、鳥、トカゲ、昆虫

ハイエナのなかま

イヌに似ていますがジャコウネコにちかいなかまです。尻が下がったような体形が特ちょうです。ほかの動物がとった獲物をよこどりしたりしますが、自分たちで狩りをすることもふつうです。

アードウルフ　ハイエナ科
夜行性で、単独でくらします。ハイエナ科では唯一、シロアリを主食とするため、あごと歯は貧弱です。📏 85～105cm、20～30cm(尾長) ⚖ 8～14kg 🌍 アフリカ 🌿 サバンナ、低木林 🍽 シロアリ、アリ、ミミズ

シマハイエナ　ハイエナ科 ◇
死肉のほか、鳥や魚も食べます。ふだんは単独でくらし、獲物をとるときには、複数で協力することもあります。📏 112～184cm、25～47cm(尾長) ⚖ 25～55kg 🌍 アフリカ北部・東部、中近東、インド、アジア北部 🌿 山地、サバンナ 🍽 大型ほ乳類、小動物、鳥、果実、昆虫など

カッショクハイエナ　ハイエナ科 ◇
家族の群れでくらし、大きな群れは共同生活のための巣あなをもちます。死肉のほか、ネズミや昆虫も食べます。📏 110～130cm、20～25cm(尾長) ⚖ 37～47kg 🌍 アフリカ南部 🌿 乾燥地、草原 🍽 大型ほ乳類、小動物、鳥、果実、昆虫など

ブチハイエナ　ハイエナ科
オスよりもメスの体が大きく、メスをリーダーとする、クランとよばれる、3～80頭の血縁の群れでなわばりをもち、くらします。📏 95～150cm、30～36cm(尾長) ⚖ 45～60kg(オス)、55～70kg(メス) 🌍 アフリカ 🌿 サバンナ、開けた土地 🍽 大型ほ乳類、小動物、鳥、ミミズ

DVD 見てみよう！びっくり食べる術　骨まで食べて、ふんはまっ白

ズームアップ！　骨までかみくだく
ブチハイエナは、発達したあごの筋肉と、強力な歯をもち、獲物の太い骨まで、かみくだきます。

ブチハイエナの巣あな
ブチハイエナは、巣あなを自分たちでほるほか、ツチブタなど、ほかの動物がすてた巣あなも利用します。

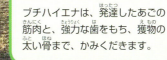

大きさチェック　ハクビシン／アードウルフ／ブチハイエナ

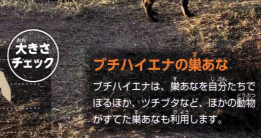

Q：アードウルフは、シロアリを一日に何匹くらい食べるの？　**A**：30万匹です。とくに毒のあるシュウカクシロアリのなかまをこのみます。

イヌのなかま❶

イヌ科の動物の多くは、長距離をスピードを出して走りつづけることができる能力をもっています。単独生活から集団生活まで、必要に応じて、さまざまな生活形態をとります。また、肉だけではなく、果実などの植物も食べます。

ネコ目

タイリクオオカミ（ハイイロオオカミ）　イヌ科

イヌ科では最大です。つがいを中心に、十数頭くらいまでの、順位のはっきりした群れをつくります。シンリンオオカミなど、13の亜種がいるとされています。82〜160cm、35〜52cm（尾長） 30〜80kg（オス）、23〜55kg（メス） 北アメリカ、ユーラシア ツンドラ、森林、草原 大型ほ乳類、小動物

オオカミは、群れで狩りをおこないます。獲物の群れのなかから、1頭だけにねらいを定め、時速55〜70kmくらいで追跡します。持久力があるので、追跡を5kmもつづけることがあります。

オオカミの遠吠え

狩りの前や、なわばりを主張したりするときに、遠吠えをします。遠吠えは、10km先までとどくといわれています。

ズームアップ！ 日本のオオカミ

日本にはかつて、タイリクオオカミの2亜種が生息していましたが、現在はすべて絶滅しています。

エゾオオカミ 亜種

明治時代まで北海道に生息していました。アイヌの人たちから「カムイ（神）」として尊敬されていましたが、開拓民により、害獣として駆除され、1900年ごろに絶滅してしまいました。

ニホンオオカミ 亜種

本州、九州、四国に生息していましたが、1905年に奈良県で捕獲されて以来、見つかっていません。まだ生きているのではと、さがしつづけている人もいますが、はっきりしたことはわかっていません。

群れのなかの順位

オオカミは、あそびのなかで力の強さが明確になり、順位が決まっていきます。

大きさチェック

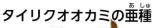
タイリクオオカミ

タイリクオオカミの亜種

シベリアオオカミ 亜種

フィンランドからロシアのカムチャツカ半島までのユーラシア北部に分布する亜種です。

シンリンオオカミ 亜種

いちばん大きくなる亜種で、北アメリカのカナダやアラスカの森林に生息しています。黒色や灰色など、さまざまな色のものがいます。

メキシコオオカミ 亜種

北アメリカのニューメキシコ州やアリゾナ州、メキシコに分布する亜種です。アメリカのメキシコオオカミは、一時は絶滅したと思われていました。

Q&A Q：タイリクオオカミは、どれくらいはなれた獲物のにおいをかぎつけますか？ A：2km先の獲物がわかるといいます。

79

イヌのなかま❷

ネコ目

タテガミオオカミ イヌ科 ◇
足が長く、とても速く走ることができます。オオカミよりも、キツネにちかいなかまです。 🏠 124.5〜132cm、28〜40.5cm(尾長) ⚖ 20〜23kg 🌍 南アメリカ中部 🌲 草原、森林 🍓 小動物、鳥、魚、昆虫、果実など

アビシニアジャッカル イヌ科
基本的に、狩りは、単独で昼におこないますが、3〜13頭の、順位のはっきりした群れをつくってくらします。 🏠 93〜101cm(オス)、84〜96cm(メス)、27〜40cm(尾長) ⚖ 14〜19kg(オス)、11〜14kg(メス) 🌍 エチオピア 🌲 標高3000〜4400mの草原 🍓 小動物、鳥、卵、大型ほ乳類

コヨーテ イヌ科 DVD フェイントで獲物をとらえる
走るのが速く、なかまと協力して、リレーのように追いかけて、獲物をとらえます。おもに夜に活動し、遠吠えでなわばりを守ります。 🏠 75〜100cm、7〜21kg 🌍 北アメリカ北部・中部 🌲 森林、草原、砂漠 🍓 小動物、鳥、昆虫、大型ほ乳類

タテガミオオカミの長い足は、背の高い草が生えた場所での、狩りや移動に適応したものであると考えられています。

大きさチェック
タテガミオオカミ　セグロジャッカル
コヨーテ

🏠=体長　⚖=体重　🌍=分布　🌲=生息環境　🍓=おもな食べもの　🇯🇵=日本にいる動物　●=日本にいる外来種　◇=絶滅危惧種

ヤブイヌは、足に水かきがあり、泳ぎや潜水が得意です。

おしっこでなわばり

ヤブイヌ イヌ科
家族を中心とした群れでくらしています。あなほりが得意で、足が短いのはあなに入るための適応です。アルマジロが好物です。 57.5〜75cm、12.5〜15cm（尾長） 5〜7kg 南アメリカ北部 森林、サバンナ 大型ほ乳類、小動物、鳥など

ディンゴ イヌ科
オーストラリア先住民がアジアから連れてきたイヌが、野生化したものとされます。単独か、小さな家族の群れでくらします。 92cm（オス）、88.5cm（メス） 12〜19kg（オス）、10〜16kg（メス） オーストラリア、東南アジア 山地、平原、森林 小動物、大型ほ乳類、果実など

セグロジャッカル イヌ科
一生つづくとされる、つがいを中心に、家族の群れで、広いなわばりをもって生活します。夜行性です。 68〜75cm、30〜48cm（尾長） 5〜10kg アフリカ 乾燥地帯、平原、雑木林 小動物、大型ほ乳類、昆虫

ズームアップ！ 南アメリカの野生のイヌ

南アメリカには、カニクイイヌやスジオイヌなど、ほかの地域では見られない独特のイヌのなかまが生息しています。しかし、そのどれもがほとんど研究されておらず、生態などはなぞにつつまれています。

▲カニクイイヌ

▲スジオイヌ

Q：コヨーテはふえているの？　A：天敵であるオオカミがへった影響でふえているといわれています。まちなかにもすがたをあらわします。

イヌのなかま❸

ネコ目

イボイノシシをおそうリカオンの群れ

リカオンは、おもに夜明けと夕方、群れで協力して、狩りをおこないます。1頭の獲物にねらいを定めると、1頭が尾をくわえ、もう1頭が上くちびるにかみつき、のこりのメンバーで、内臓をえぐり出して、相手をしとめます。

見てみよう！ びっくり狩りの術
DVD チームワークで狩りをする

大きさチェック

リカオン
タヌキ　オオミミギツネ

= 体長　= 体重　= 分布　= 生息環境　= おもな食べもの　= 日本にいる動物　= 日本にいる外来種　= 絶滅危惧種

リカオン　イヌ科
2〜20頭の大人がいる群れでくらします。協力して子育てをおこない、病気になったり、弱ったりしたなかまを助けます。75〜110cm、30〜40cm(尾長) 18〜36kg　アフリカ南部　サバンナ、開けた森林　大型ほ乳類、小動物

オオミミギツネ　イヌ科
イヌ科ではめずらしく、昆虫を主食とします。夜、大きな耳で、獲物の立てるかすかな音を聞きとり、狩りをします。46〜66cm 3〜5.3kg　アフリカ　乾燥した草原　シロアリ、トカゲ、小動物、鳥、果実など

ドール　イヌ科
昼間や月夜、家族を中心とする5〜12頭の群れで狩りをします。ほかの動物の巣あなを利用して、みんなで子どもを育てます。90cm、40〜45cm(尾長) 17〜21kg　中央アジア〜東南アジア　開けた土地　果実、小動物、昆虫など

ズームアップ！ 都会のタヌキ
大都会の東京にも野生のタヌキがすんでいます。大きな緑地などを中心に、線路や排水溝を通り道にして生活しています。ゴミを食べているイメージがありますが、じっさいは昆虫など自然のえさを食べることが多いとわかっています。

▲明治神宮にあらわれたホンドタヌキ。
DVD 東京で電車とギリギリの生活

タヌキ[エゾタヌキ、ホンドタヌキ]　イヌ科
雑食性で、なんでも食べます。巣あなの外の決まった場所でふんをすることにより、なわばりの目印とします。50〜68cm、13〜25cm(尾長) 4〜10kg　日本、シベリア東部〜東南アジア　森林　昆虫、小動物、果実、種など

エゾタヌキ
北海道にすむタヌキの亜種です。ホンドタヌキよりも、やや体が大きく、毛が長いのが特ちょうです。

Q&A　Q：タヌキはタヌキ寝入り(死んだふり)をするってほんとう？　A：ほんとうです。ビックリしたときに動かなくなります。

イヌのなかま④

ハイイロギツネ　イヌ科
逃げるときや、果実をとるとき、じょうずに木にのぼるので、キノボリギツネともよばれます。夜行性です。📏80〜112.5cm、27.5〜44cm(尾長)　⚖3.6〜6.8kg　🌐北アメリカ〜南アメリカ北部　🌳落葉樹林　🍚小動物、鳥、果実

キットギツネ　イヌ科
おもに夜行性で、単独で狩りをします。地中の巣あなで、つがい、または家族の小さな群れでくらします。📏48.5〜52cm(オス)、45.5〜53.5cm(メス)、25〜34cm(尾長)　⚖1.6〜2.7kg　🌐アメリカ南西部、メキシコ　🌳砂漠、草原　🍚小動物、昆虫、トカゲ、鳥、果実

フェネックギツネ　イヌ科
世界でいちばん小さなキツネです。大きな耳から、体の熱を逃がすことで、砂漠の暑さにもたえることができます。📏30〜40cm、18〜30cm(尾長)　⚖0.8〜1.5kg　🌐アフリカ北部　🌳砂漠　🍚葉、果実、小動物、鳥、昆虫など

冬毛のホッキョクギツネ

夏毛のホッキョクギツネ

ホッキョクギツネ　イヌ科
北極のきびしい寒さでも身を守ることができる特しゅな毛が生えていて、−70℃でもたえられるといわれています。夏と冬では毛の色がちがいます。📏50〜70cm、28〜40cm(尾長)　⚖2.5〜8kg　🌐北極圏　🌳ツンドラ　🍚小動物、昆虫、海獣、鳥、果実など

📏=体長　⚖=体重　🌐=分布　🌳=生息環境　🍚=おもな食べもの　🇯🇵=日本にいる動物　🔵=日本にいる外来種　🔶=絶滅危惧種

キツネの狩り

キツネの好物はネズミで、ネズミをおそうときは、みんなが同じ、独特のジャンプをします。背のびをするように、後ろ足で、地面から1mほど飛び上がり、前足から獲物に飛びかかるのです。

アカギツネ［キタキツネ、ホンドギツネ］ イヌ科

単独で狩りをして、獲物があまると、あなをほって貯蔵します。地中にほる巣あなには、いくつかの部屋があります。 46〜90cm、30〜56cm(尾長) 3〜14kg 日本、アジア、北極圏〜中央アメリカ、アフリカ北部 ツンドラ、森林、草原、砂漠 小動物、昆虫、果実、鳥、ミミズ

大きさチェック
アカギツネ　フェネックギツネ

ズームアップ！ キツネの子別れ

アカギツネが子どもを産むのは、3〜4月。8月半ばくらいまでは、日々、獲物をとってきた親のもとに、きょうだいたちが殺到し、食べもののとりあいがはじまる、というシーンがくり広げられます。ところが、秋になると、食事を終えた直後の子どもに、親がとつぜんかみつくなど激しい攻撃をくわえ、子どもたちはパニックにおちいります。子別れのはじまりです。最初の攻撃の日に、親から独り立ちする子どももいれば、何回かの攻撃と家出がくり返されたあと、独り立ちをする子どももいます。

Q: ホッキョクギツネの耳は、なぜ小さいの？　A: 寒冷な生息地で、耳から体温を逃さないためです。

イヌの品種（イエイヌ）

もっとも古くから飼いならされている動物で、タイリクオオカミにちかい種類と考えられています。

ネコ目

ゴールデン・レトリーバー
原産地はイギリス。狩猟の獲物の回収（レトリーブ）や追跡に、使われてきました。54～61cm

ウェルシュ・コーギー・ペンブローク
イギリス原産の、ウシを追う牧畜犬です。イギリス王室でも、愛されてきました。25～30cm

チワワ
メキシコ原産で、いちばん小さな品種です。アステカ王国の時代から、飼われていました。16～22cm

ポメラニアン
ドイツのスピッツ系の品種からつくられました。イギリスやフランスの王室で、愛されました。28cm

ラブラドール・レトリーバー
原産地はイギリス。もとは猟犬ですが、盲導犬や麻薬探知犬として、世界でかつやくしています。54～62cm

シュナウザー
ドイツ原産で、嗅覚、視覚、聴覚など五感がするどく、いろいろな仕事をこなします。44～50cm

グレート・ピレニーズ
ヨーロッパのピレネー山脈で、家畜のヒツジの群れを、オオカミなどから守っていました。63～81cm

コリー
イギリス原産の牧羊犬で、上流階級のペットとして、流行したこともあります。56～66cm

ブルドッグ
イギリスで、雄牛（ブル）とたたかう競技のためにつくられ、その後、やさしい性格に改良されました。30～35cm

ビーグル
原産地はイギリス。14世紀ごろから、王室で、ウサギ狩りのために飼育されました。33～38cm

パグ
中国原産で、ビクトリア時代のイギリスにもちこまれると、大人気となりました。25～33cm

＝体高（動物が4本の足でまっすぐ立ったときの、地面から肩までの高さ）

ダックスフント
ドイツの原産で、体形を生かして、巣あなにいるアナグマなどを狩るのに使われました。12〜24cm

北海道犬（アイヌ犬）
アイヌが、クマ狩り用に飼っていた中型犬で、アイヌとともに、東北から北海道へわたりました。48〜55cm

マルチーズ
原産地は、地中海のマルタ島。古代の哲学者たちにも飼われた、最古の愛がん犬といえます。20〜25cm

セント・バーナード
原産地はスイス。アルプス山脈で、多くの遭難者をすくってきた人命救助犬です。65〜77cm

パピヨン
フランスとベルギーが原産で、18世紀のフランス宮廷では、肖像画にとり入れることが流行しました。20〜28cm

四国犬
四国山地が原産の中型犬です。けわしい山岳地帯で、イノシシ猟などでかつやくしてきました。46〜55cm

柴犬
縄文時代、弥生時代から飼われてきた小型犬で、猟犬、番犬として利用されてきました。35〜41cm

ヨークシャー・テリア
イギリスのヨークシャー地方で、家屋をあらすネズミ退治のために、つくられました。20〜23cm

秋田犬
秋田県原産の大型犬で、もとは闘犬として、つくられました。「忠犬ハチ公」で有名です。58〜71cm

プードル
原産地はフランス。毛がとてもゆたかで、カモ猟で、レトリーバー（回収犬）として使われました。45〜60cm

ジャーマン・シェパード・ドッグ
原産地はドイツ。警察犬、軍用犬としてかつやくし、日本では、最初の盲導犬にもなりました。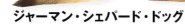55〜65cm

シーズー
チベットの原産で、かつては、修道院で飼育され、中国の王宮に贈られたとされています。22〜26cm

 Q：オスのイヌが片足を上げて、電柱におしっこをするのは、なぜ？　A：ほかのイヌの鼻の高さに、なわばりのしるしをのこすためです。

クマのなかま❶

クマ科の動物は、基本的には肉食性ですが、ホッキョクグマ以外は植物も食べる雑食性です。北極から熱帯まで幅広い環境にすんでいます。足の裏全体を地面につけて歩くのがクマ科の大きな特ちょうです。

ヒグマ　クマ科 🇯🇵

大型のクマのなかまです。家族か単独で、昼も夜も活動します。果実や魚などいろいろなものを食べます。世界じゅうに大きさや色が異なる亜種がいくつもいます。📏 1.7〜2.8m、6.5〜21cm（尾長） ⚖ 80〜600kg 🌏 北海道、アジア、ヨーロッパ、北アメリカ 🌲 砂漠、森林、氷原など 🍽 葉、草、根、果実、昆虫、小動物、大型ほ乳類、魚など

クマの体

鼻
嗅覚はとくに発達し、数キロ先の風上にあるもののにおいをかぐことができます

耳
耳は小さめですが、聴覚はすぐれています

大きさチェック

目
ヒグマの視力は、それほどよくないと考えられています

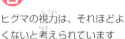

前足
前足の長いつめは、6cmをこえ、食物をさがすときに、役に立ちます

口
大きなきば（犬歯）のほかに、食物をすりつぶす臼歯も発達しています

後ろ足
クマのなかまは、足の裏全体を地面につけて歩きます。これを「しょ行性」といいます

Q：ハイイログマ（グリズリー）が、一日に食べる葉の量は？　A：15kgくらいです。肉食のイメージが強いのに、意外ですね。

クマのなかま❷

マレーグマ　クマ科
最小のクマです。木のぼりがうまく、木の上で果実や昆虫を食べます。暑いところにすむため、体の毛がとても短いのが特ちょうです。 1.2〜1.5m、3〜7cm(尾長) 27〜65kg 中国、東南アジア 熱帯林 葉、昆虫、果実、ハチミツ、小動物など

ナマケグマ　クマ科
シロアリの塚を前足の長いつめでこわし、長い鼻先とくちびるを使って、主食のシロアリを吸いこみます。 1.5〜1.9m 80〜140kg(オス)、55〜95kg(メス) アジア中部 熱帯の草原、森林 昆虫、果実、ハチミツ、葉、花

メガネグマ　クマ科
木のぼりがじょうずで、夜、木の上で果実などを食べます。昼間は、木の洞やほらあなで休みます。 1.5〜1.8m 100〜155kg アンデス山脈 標高1900〜2350mの森林 葉、果実、昆虫、小動物、鳥

アメリカグマ　クマ科
単独でくらし、広い行動圏をもちます。おもに森林にすんでいて、木のぼりが得意です。 1.4〜2m(オス)、1.2〜1.6m(メス)、8〜14cm(尾長) 47〜409kg(オス)、39〜236kg(メス) 北アメリカ 標高900〜3000mの森林 草、果実、根、昆虫

ツキノワグマ　クマ科
胸に三日月のような白いもようがあることから、この名前がつけられています。三日月もようがない個体もいます。動物の肉から植物の葉までなんでも食べます。 1.2〜1.8m、6.5〜10.6cm(尾長) 110〜150kg(オス)、65〜90kg(メス) 日本、中央アジア、東南アジア 山林、やぶ 葉、果実、草、根、昆虫、死んだ動物の肉など

大きさチェック
マレーグマ　アラスカヒグマ　ツキノワグマ

Q&A Q：地球上でクマがいないところはどこ？　A：アフリカ大陸にはクマがいません。かつてはいましたが、絶滅してしまいました。

クマのなかま❸

北極

北極には陸地がなく、海水がこおってできた氷や、海が広がっています。ホッキョクグマは、流れる氷にのって、何百キロも移動をすることがあります。

ネコ目

アザラシを食べる

ホッキョクグマは、氷のあなから顔を出すアザラシをねらって食べることがあります。（→102ページ）クジラやイルカなど、大型ほ乳類の死肉も食べます。

見てみよう！ びっくり狩りの術
DVD セイウチを自滅させる

ホッキョクグマ　クマ科◇

地上最大の肉食動物で、泳ぎが得意です。大きな体や特しゅな毛は、北極のきびしい寒さでもくらせるよう体が適応した結果です。 1:6〜2.5m（オス）、1.8〜2m（メス）　300〜800kg（オス）、150〜300kg（メス）　北極圏　海氷、氷原　海洋動物、大型ほ乳類、鳥、卵

ズームアップ！ ホッキョクグマの毛は透明？

白く見えますが、毛の一本一本は透明で、ストローのようにあながあいています。このしくみによって体の熱が外に逃げにくく、北極の寒さでも平気なのです。

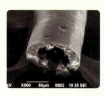

泳ぎがじょうず

ホッキョクグマの体は、首が長く、泳ぐのに適した体つきをしています。北極の冷たい海でも平気で泳ぐことができ、ときには何時間も泳ぎつづけることがあります。

　=体長　　=体重　　=分布　　=生息環境　　=おもな食べもの　　=日本にいる動物　　=日本にいる外来種　　◇=絶滅危惧種

ズームアップ！ パンダは肉食動物？

クマのなかまなので、歯がするどく、腸が短いなど肉食動物の体をしています。ときにはネズミなどの肉も食べます。

ジャイアントパンダ　クマ科

単独で、昼も夜も活動し、おもに大量のタケを食べ、食事をした竹林で休みます。決まった巣あなはもちません。　1.5〜1.8m　80〜125kg
中国　タケがある山林　タケ

見てみよう！びっくり食べる術
DVD　タケを食べて丸い顔に

ズームアップ！ パンダの指は6本？

パンダの手には「第6の指」とよばれる骨があり、それが親指のような役割をするため、タケをつかみやすくなっています。

大きさチェック
ジャイアントパンダ

Dr.ヤマギワの なるほど！コラム

小さな赤ちゃん

パンダは、体重がわずか100g、ほとんど毛が生えておらず、目も見えない状態で生まれてきます。しかし、大きな声で鳴くことができ、母親の世話をうながします。

▲生まれたばかりの赤ちゃん。体重は100gほど。

▲生後37日の赤ちゃん。白黒もようがあらわれてきます。

Q&A　Q：ジャイアントパンダは、なぜタケが主食なの？　A：一年じゅうかんたんに手に入るタケを食べることで、生きのびてきたからです。

レッサーパンダ、アライグマのなかま

アライグマ科は、雑食性で、南北アメリカにいます。尾が長く、顔と尾には、はっきりしたもようがあります。レッサーパンダは、かつてはアライグマ科に分類されていましたが、現在ではレッサーパンダ科です。

ズームアップ！ レッサーパンダの足の裏

クマと同じく、足の裏全体を地面につけて歩きます。足の裏にはたくさん毛が生えていますが、これは寒い山岳地帯を歩くとき、足の裏から熱を逃がさないためです。

クロアシカコミスル　アライグマ科
夜行性で、人目につくことは、あまりありません。カコミスルよりも、長い時間を樹上ですごします。📏38～47cm、39～53cm(尾長) ⚖0.9kg 🌐中央アメリカ 🌲標高2000mまでの森林 🍱果実、小動物、昆虫など

フサオオリンゴ　アライグマ科
夜行性で、長い尾でバランスをとりながら、木から木へと移動します。尾にふさふさした毛が生えているので、「フサオ」オリンゴとよばれます。📏35～47cm、40～48cm(尾長) ⚖1～1.5kg 🌐中央アメリカ～南アメリカ 🌲森林 🍱果実、花、昆虫、小動物など

木の上が大好き
レッサーパンダは、一生のほとんどを、人里はなれた森林でくらします。食事はおもに地上でとりますが、一日の大半は、樹上で休んでいます。おなかの色が黒いのは、木の上にいると、地上から見たときに目立ちにくいからです。

レッサーパンダ　レッサーパンダ科◇
おもに夜行性で、単独でくらし、主食はタケの葉やタケノコです。動きは敏しょうではありませんが、木のぼりが得意です。📏56～62.5cm、37～47cm(尾長) ⚖3.7～6.2kg 🌐ヒマラヤ山脈の南東部 🌲標高2200～4800mの森林 🍱タケ、果実、花など

=体長 =体重 =分布 =生息環境 =おもな食べもの =日本にいる動物 =日本にいる外来種 ◇=絶滅危惧種

アライグマが洗う

アライグマの手つきは、食物を洗っているように見えるだけで、じつはそうではないといわれてきました。でも最近では、毒をもつ獲物を食べるときには、毒を洗い落とすとされています。

アライグマ アライグマ科
魚やザリガニ、カエルなどの小動物や果実までなんでも食べます。日本でもペットが逃げ出したものが生息しています。🏠 42〜60cm、21〜41cm（尾長） ⚖ 1.8〜10.4kg 🌍 カナダ南部〜南アメリカ 🌳 人里ちかく 🍽 魚、昆虫、小動物、果実

カコミスル アライグマ科
夜行性で、おもに単独でくらします。地上で活動しますが、動きが敏しょうで、木や岩場をのぼるのも得意です。🏠 30.5〜42cm、31〜44cm（尾長） ⚖ 0.8〜1.3kg 🌍 アメリカ〜メキシコ北部 🌳 標高1400〜2900mの山林 🍽 小動物、昆虫、果実など

アカハナグマ アライグマ科
昼行性で、オスは単独、メスと子どもは群れでくらし、地上と樹上で活動します。岩のくぼみなどに、枝や草で巣をつくります。🏠 41〜67cm、32〜69cm（尾長） ⚖ 3〜6kg 🌍 中央アメリカ〜南アメリカ北部 🌳 森林 🍽 果実、葉、昆虫、小動物

キンカジュー アライグマ科
夜行性で、果実や花の蜜を主食とします。尾を使って、樹上を、上下左右、どの方向へも自由に移動します。🏠 82〜133cm ⚖ 2〜4.6kg 🌍 中央アメリカ〜ブラジル南部 🌳 熱帯林 🍽 果実、蜜、昆虫、花など

大きさチェック

カコミスル／レッサーパンダ／キンカジュー／アライグマ

ズームアップ！ 舌を出すキンカジュー

キンカジューは、尾で枝にぶら下がり、食物をさがします。花を見つけると、この長い舌で蜜をなめます。ハチの巣をおそうこともあります。

Q&A Q：アライグマが日本にいるのはよくないの？　A：日本にいる生きものを食べてしまうなど、生態系を変化させてしまいます。

イタチ、スカンクのなかま❶

イタチ科は、南極とオーストラリアをのぞく、すべての大陸にすむ大きなグループです。足が短く、胴体は長く、動きが敏しょうです。肛門のちかくの臭腺から、においの強い液を出します。スカンクのなかまは、かつてはイタチ科でしたが、現在はスカンク科です。

ネコ目

冬毛のイイズナ

イイズナ　イタチ科
世界でいちばん小さな食肉目です。決まった巣はもたず、主食のネズミに合わせて移動します。 16.5〜20.5cm　30〜55g　日本、北アメリカ、ユーラシア北部　森林、草原、半砂漠　小動物、鳥、昆虫など

ニホンイタチ（イタチ）　イタチ科
水辺をこのみ、足が速く、ジャンプや泳ぎも得意です。 27〜37cm（オス）、16〜25cm（メス）、7〜16cm（尾長）　0.3〜0.7kg（オス）、0.14〜0.3kg（メス）　本州、四国、九州　草地、水辺　小動物、昆虫、エビ、魚など

クロアシイタチ　イタチ科
プレーリードッグがおもな獲物で、巣あなのなかに入って狩りをします。数がとてもすくなく、保護活動がおこなわれています。 38〜60cm、37〜47cm（尾長）　0.9〜1.1kg（オス）、0.6〜0.9kg（メス）　北アメリカ　草原　小動物

ヨーロッパケナガイタチ　イタチ科
夜行性で、小型ですが、単独で狩りをして、自分よりずっと大きな獲物をしとめます。 30〜46cm、8〜17cm（尾長）　0.2〜1.7kg　ヨーロッパ　森林、草原　小動物、昆虫、果実

ズームアップ！　フェレット
ヨーロッパケナガイタチを家畜化したもので、世界じゅうで、狩猟用に、またはペットとして飼われています。体長は33〜41cm、体重は0.9〜2.7kgになります。

夏毛のオコジョ

オコジョ　イタチ科
はねるように走り、木のぼりと泳ぎも得意です。おもに夜、せまいすき間や巣あなにひそむ獲物を狩ります。 14〜20cm、7〜9cm（尾長）　67〜116g（オス）、25〜80g（メス）　日本、ユーラシア、北アメリカ　森林、湿地　小動物、鳥、昆虫など

保護色
オコジョの冬毛は、黒い尾の先をのぞき、まっ白になり、雪の多い地域では保護色となります。

大きさチェック

オコジョ　テン
イイズナ　アメリカミンク

= 体長　= 体重　= 分布　= 生息環境　= おもな食べもの　= 日本にいる動物　= 日本にいる外来種　= 絶滅危惧種

ズームアップ！ ミンクの毛皮

寒冷な地域でくらすイタチのなかまは、長く密生する防水性の高い毛皮を発達させてきました。そのうつくしい毛皮は、18世紀ごろから、コートなどの衣服用にさかんに取り引きされ、なかでも、アメリカミンクの毛皮は、ぜいたく品の代表とされています。

クロテン　イタチ科

森林にすみ、木のぼりが得意ですが、水に入って魚をとらえることもあります。日本の北海道には亜種のエゾクロテンが生息しています。 38〜56cm（オス）、35〜51cm（メス）、7〜12cm（尾長） 0.9〜1.8kg（オス）、0.7〜1.6kg（メス） 北海道、アジア北部 針葉樹林 小動物、鳥、魚、果実、昆虫など

グリソン　イタチ科

単独かペア、または小さな群れでくらし、昼も夜も、狩りをします。首の後ろをひとかみして、獲物を殺します。 67cm（全長） 1〜3kg 中央アメリカ〜南アメリカ北部 草原、森林 小動物、鳥、果実など

テン［ホンドテン、ツシマテン］　イタチ科

昼間は岩あなや木の洞で休み、夜に活動します。夏と冬では毛の色がちがいます。 47〜54.5cm、17〜23cm（尾長） 0.5〜1.7kg 本州、四国、九州、対馬 森林 果実、昆虫、小動物、鳥、魚など

ゾリラ　イタチ科

あなをほるのが得意です。身を守るときは、死んだふりをしたり、肛門腺から、くさい液を相手にふきつけます。 28〜30cm、20〜30cm（尾長） 1〜1.4kg アフリカ サバンナ、砂漠 小動物、昆虫、鳥など

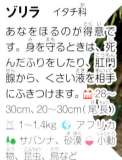

アメリカミンク　イタチ科

水辺から遠くはなれることは、ありません。泳ぎと潜水がうまく、水中でも小動物を狩ることができます。北アメリカからの外来種として、日本でも繁殖しています。 58〜70cm（全長、オス）、46〜58cm（全長、メス） 0.9〜1.6kg（オス）、0.7〜1.1kg（メス） 北アメリカ 森林 小動物、鳥、昆虫など

フィッシャー　イタチ科

フィッシャー（魚とり）と名前がついていますが、じっさいには魚はとりません。森にすみ、木のぼりが得意です。 90〜120cm（オス）、75〜95cm（メス）、31〜41cm（尾長） 3.5〜5kg（オス）、2〜2.5kg（メス） 北アメリカ 森林 小動物、鳥、果実など

クズリ　イタチ科

大型で、気があらく、攻撃的です。単独で広いなわばりをもち、雪の上でも軽やかな足どりで、移動します。 65〜105cm、13〜26cm（尾長） 9〜30kg 北アメリカ、ユーラシア北部 森林、草原 大型ほ乳類、小動物、鳥、果実など

Q&A Q：クズリはどうして深い雪の上でも歩けるの？　A：足の裏を広く雪につけて歩くので、体重が分散でき、しずまないで歩けます。

イタチ、スカンクのなかま❷

悪臭を放つスカンク

スカンクの悪臭の液は、目にあたれば、しばらくのあいだ、目が見えなくなるほどの、強力な武器です。しかし、この武器をすぐに使うわけではありません。多くは、尾を上げてしりを見せることで、まず相手に警告するのです。そのときに、ほとんどの動物はスカンクをさけます。

DVD 見てみよう びっくり！ちょっと失礼選手権
くさい汁を噴射

トウブマダラスカンク
スカンク科
逆立ちをして、敵に悪臭のする液をふきつけたり、液は出さずに、おどすだけのこともあります。 24〜26cm、7〜22cm(尾長) 0.2〜1kg アメリカ東部 森林、草原、岩場 水動物、穀類、昆虫、鳥、果実など

シマスカンク スカンク科
いちばんよく見られるスカンクで、肛門ちかくの臭腺から、悪臭の液体を、敵にふきつけ、身を守ります。 57.5〜80cm 1.2〜5.3kg 北アメリカ〜中央アメリカ北部 森林、草原 昆虫、小動物、鳥、果実など

コツメカワウソ イタチ科◇
カワウソではいちばん小さく、群れでくらします。浅い水底をほって貝をとり、大きな歯でくだいて食べます。 41〜63.5cm、25〜30cm(尾長) 2.7〜5.4kg インド南部〜東南アジア南部 川の浅瀬や岸 貝、エビ、魚など

オオカワウソ イタチ科
最大のカワウソです。ピラニアやナマズなどの魚をおもに食べていますが、ときには小さなワニもとらえて食べることがあります。 90〜140cm、50〜70cm(尾長) 22〜32kg 南米(アマゾン川流域) 川、湖、入り江などの周辺 魚、エビ、トカゲなど

ズームアップ！ ニホンカワウソ
特別天然記念物でしたが、1979年を最後に目撃例がなく、2012年に絶滅種に指定されました。川や沼の岸に、水面下で出入りする巣あなをつくります。おもに夜、水中で獲物をとらえ、陸上で食べます。ユーラシアカワウソの亜種です。 55〜95cm、30〜55cm(尾長) 5〜12kg 四国 川、池、水路などの周辺 魚、エビ、貝、小動物、昆虫など

カナダカワウソ イタチ科
水辺に多くのトンネルがある巣あなをつくり、家族でくらします。トンネルのひとつは、水中に通じています。 66〜76cm、30〜43cm(尾長) 4.5〜11kg 北アメリカ 湖、川、海岸 魚、カエル、ザリガニ

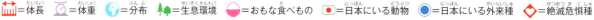
=体長 =体重 =分布 =生息環境 =おもな食べもの =日本にいる動物 =日本にいる外来種 ◇=絶滅危惧種

コンブのベッドで休むラッコ

ラッコはよく、集団で水面に浮かんで、休んだりねむったりしますが、このとき、海底から生えるコンブを体に巻きつけ、潮に流されないようにします。

ラッコ　イタチ科

イタチ科では最大です。とらえた貝の貝がらを石でたたきわって食べる、道具を使えるほ乳類です。120〜150cm（全長、オス）、110〜140cm（全長、メス）　22〜45kg（オス）、14〜33kg（メス）　千島列島〜北アメリカ北部　海岸付近　貝、エビ、イカ、魚など

DVD　貝を石でわって食べる

アメリカアナグマ　イタチ科

おもに夜行性で、単独でくらします。前足の大きなつめを使い、すばやく大きなあなをほることができます。42〜72cm、10〜15.5cm（尾長）　4〜12kg　北アメリカ〜メキシコ　乾燥地帯、草原　小動物、鳥、魚、昆虫、種など

ニホンアナグマ　イタチ科

地中に複雑な構造の巣あなをつくり、家族でくらしています。巣あなは清潔にたもたれ、代々受け継がれます。42〜72cm、10〜15.5cm（尾長）　4〜12kg　本州、四国、九州　山林、山里　昆虫、ミミズ、果実、小動物など

ラーテル　イタチ科

皮ふがとても厚いので、好物のハチミツを食べるためにハチの巣をおそうとき、針で刺されても平気です。80cm、30cm（尾長）　9〜12kg　アフリカ、中東、インド　乾燥地帯、草原　蜜、昆虫、小動物、果実、草など

大きさチェック

シマスカンク　オオカワウソ　ニホンアナグマ

Q&A　Q：水面にあおむけで浮いているラッコがしずまないのは、なぜ？　A：全身に密生する毛のすき間に、空気をためこんでいるからです。

アザラシのなかま❶

アザラシ科の動物は、水中生活に適した体つきをしており、ひれのように変化した後ろ足を使ってたくみに泳ぎます。なかには1000m以上も深い海に潜水する能力をもつものもいます。しかし、陸上では歩くことができず、はって進むことしかできません。出産は陸地や氷の上でおこないます。

ゴマフアザラシ　アザラシ科

北海道でよく見られるアザラシです。流氷の上で出産します。 150〜210cm（オス）、140〜170cm（メス） 85〜150kg（オス）、65〜115kg（メス） 日本近海、北太平洋、ベーリング海 海氷、陸地 イカ、魚、エビ

Dr.ヤマギワの なるほど！コラム

氷のあなをねらうホッキョクグマ

エサをとりに海にもぐったアザラシは、かならず息を吸うため、氷にあいたあなから顔を出します。ホッキョクグマはそれをねらって、あなのちかくで待ちぶせしておそいます。

ワモンアザラシ　アザラシ科

地球上で、いちばん北でくらす哺乳類のひとつです。北極圏の、海岸に定着した氷か、流氷の上で出産します。 140〜150cm 65〜95kg 日本近海、北極海、バルト海、北太平洋 外洋、氷が安定した場所 エビ、魚

クラカケアザラシ　アザラシ科

流氷のある時期には、沖合の氷の上でくらし、氷がとけると、さらに沖合に出て、水中生活をします。 160cm 70〜80kg オホーツク海、北太平洋沿岸、ベーリング海 冷たい水域 エビ、魚、イカ

大きさチェック

ゼニガタアザラシ　アゴヒゲアザラシ
ゴマフアザラシ　クラカケアザラシ

アゴヒゲアザラシ　アザラシ科

氷が広がる浅い海をこのみ、単独で行動します。長いひげで、貝など海底の獲物をさがし出して食べます。 240〜250cm 216〜360kg 日本近海、アラスカ周辺 水深200mまでの海域、砂浜 魚、エビ、貝

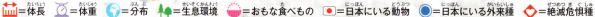

タテゴトアザラシ　アザラシ科
背中のもようが、特ちょうです。夏は北方の海でくらし、冬、流氷とともに南下して、春、氷の上で子どもを産みます。🗓171〜190cm（オス）、168〜183cm（メス）⚖135kg（オス）、120kg（メス）🌐北極海、北太平洋 🌲海氷がある沿岸付近 🍽魚、イカ

アザラシ・セイウチ・アシカのちがい

▼アザラシは前足で体をささえられないので、はって進みます。

後ろ足を使い、全身を振って泳ぎます。
アザラシ

▼セイウチとアシカは後ろ足を前に折り曲げて、前後の足で歩くことができます。

大きなきばがあります。
後ろ足を振って泳ぎます。
セイウチ

前足を羽ばたいて泳ぎます。
アシカ

ウェッデルアザラシ　アザラシ科
メスはそれぞれ、氷のわれ目にそって、呼吸のためのあなをもち、オスはわれ目の下の海中で、鳴いたり争ったりします。🗓250〜290cm（オス）、300〜350cm（メス）⚖400〜600kg 🌐南極周辺の海 🌲海氷がある沿岸付近 🍽魚、イカ、エビ

バイカルアザラシ　アザラシ科
ロシアのバイカル湖に生息する、世界で唯一の淡水にすむアザラシです。🗓130cm ⚖50〜130kg 🌐バイカル湖 🌲湖 🍽魚

ゼニガタアザラシ　アザラシ科 🇯🇵
北半球の広い地域に分布するアザラシです。日本でも北海道で繁殖しています。🗓200cm ⚖50〜170kg 🌐日本近海、北太平洋、北大西洋 🌲沿岸、岩礁、砂浜 🍽魚、イカ、エビ

Q：アザラシの赤ちゃんは、どんな色をしているの？　A：海氷で繁殖するアザラシは白、岩場で繁殖するものは、岩に似た色です。

103

アザラシのなかま❷

ミナミゾウアザラシ アザラシ科
いちばん大きなアザラシで、オスの鼻は長くたれ下がります。ハーレムをつくるためのたたかいで、大人のオスは、傷だらけです。 420〜450cm(オス)、260〜280cm(メス) 3〜4t(オス)、400〜900kg(メス) 南極海周辺 砂浜、岩の浜辺 イカ、魚

DVD 見てみよう！戦え！アニマルズ ハーレムを守る

ネコ目

キタゾウアザラシ アザラシ科
水深1500m以上のとても深い海までもぐることができるアザラシです。繁殖期には岸に大きなハーレムをつくりますが、それ以外の時期はずっと海でくらします。 400〜500cm(オス)、310cm(メス) 〜2.3t(オス)、600〜900kg(メス) 大西洋沿岸 地上では浜辺 イカ、魚

=体長 =体重 =分布 =生息環境 =おもな食べもの =日本にいる動物 =日本にいる外来種 =絶滅危惧種

アシカ、セイウチのなかま

アシカ科の動物は、後ろ足で泳ぐアザラシとちがって、前足を使って泳ぎます。また、後ろ足が前を向き、体をささえることができるので、前足と後ろ足を使って体をもち上げて歩くことができます。セイウチは、アシカとアザラシの中間的な体のつくりをしており、泳ぐときは後ろ足を使います。

ネコ目

ニュージーランドアシカ
アシカ科
交尾や出産は、ニュージーランド南島などの広い砂浜でおこないます。大きな回遊はしません。 220cm（オス）、180cm（メス） 136〜410kg ニュージーランド 砂浜 イカ、魚、エビ、貝、鳥

トド　アシカ科
北海道でも見ることができる、アシカ科でいちばん大きくなる種類です。 282cm（オス）、228cm（メス） 566kg（オス）、263kg（メス） 日本近海、北太平洋沿岸 冷たい水域 魚、イカ

セイウチ　セイウチ科
オス、メスともに大きなきばをもちます。きばは海から氷にはい上がるときに、つき刺して体をささえたり、オスどうしのたたかいに使います。 360cm（オス）、300cm（メス） 0.4〜1.7t 北極圏 岩の海岸 貝、ウニ、エビ、魚など

カリフォルニアアシカ　アシカ科
水族館のアシカショーで知られるアシカです。最高時速40kmで泳ぎ、水深300mちかくまでもぐることができます。 220〜240cm（オス）、180〜200cm（メス） 275〜390kg（オス）、91〜110kg（メス） 日本近海、カリフォルニア〜メキシコ沖合、ガラパゴス諸島 海岸付近 イカ、魚

キタオットセイ（オットセイ）
アシカ科
日本の海でもよく見られます。繁殖期以外はほとんど陸に上がることなく、沖でくらしています。 213cm（オス）、142cm（メス） 181〜272kg（オス）、43〜50kg（メス） 日本近海、北太平洋 冷たい海域 魚、イカ、鳥

=体長　=体重　=分布　=生息環境　=おもな食べもの　=日本にいる動物　=日本にいる外来種　=絶滅危惧種

オタリアのハーレム
オスとメスは、体の大きさですぐに区別がつきます。首のまわりのたてがみは、オスの巨体をより大きく見せます。

オタリア アシカ科
大人のオスには、首のまわりにたてがみのような毛が生えています。一年じゅう、岸にいて、沖へ回遊することはあまりありません。 200〜250cm(オス)、200cm(メス) 200〜350kg(オス)、140〜150kg(メス) 南アメリカ沿岸 浜辺、岩場 魚、イカ、エビ、貝

ミナミアメリカオットセイ アシカ科
あまり大きな回遊はしません。ハーレムは規模が小さく、1頭のオスにメスが数頭ということもあります。
190cm(オス)、140cm(メス) 150〜200kg(オス)、30〜60kg(メス) 南アメリカ沿岸 岩の海岸 魚、イカ、エビ、貝

大きさチェック
ニュージーランドアシカ　トド　セイウチ　キタオットセイ

Q&A Q:セイウチは、どうやって食物をさがすの？　A:長く、敏感なひげを使って、さがします。

シマウマ
Zebra

08　🏛=体長　⚖=体重　🌍=分布　🌲=生息環境　🍚=おもな食べもの　🇯🇵=日本にいる動物　🔵=日本にいる外来種　🔶=絶滅危惧種

ウマ目の動物

Dr.ヤマギワのポイント！

後ろ足の、ひづめのある指の数が1本または3本と奇数なので、奇蹄目ともよばれる。体が大きくても、走るのが得意なんだ。主食は植物で、ウマ、バク、サイのなかまがいる。

サバンナシマウマ ウマ科

時速60kmほどで走ることができます。数百頭もの大きな群れをつくり、食べものの草をもとめて、500kmをこえる距離を移動することがあります。 🏛217〜246cm、47〜56cm(尾長) ⚖175〜385kg 🌍アフリカ南東部 🌿草原、開けた森林 🍽草、葉、枝、樹皮

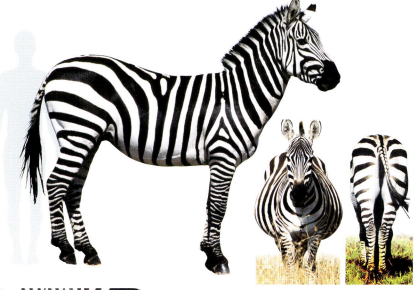

大きさチェック

しま
草のなかで敵から見えにくくする効果があるとされています

鼻
嗅覚がするどく、ふんや尿のにおいをたどって、なかまたちが移動したあとを追っていくことができます

耳
耳を動かすことによって、遠くの音を聞き、その方向を知ることができます

目
頭の後ろのほうにあるので、広い範囲を見わたすことができます

足
足の指は1本なので、速く走ることができます

口
前歯は、上下がぴったりかみ合うので、かたい草を、かみ切るのに適しています

たてがみ
頭や首の後ろの保護や、体温の調節に役立っていると考えられています

Q&A Q：シマウマに人はのれないの？　A：気性があらく、人になれないので、のることはできません。

ウマのなかま

ウマ科は、開けた土地を速く走り、草を食べるのに適した体をしています。たいていが群れをつくってくらします。現在、野生のウマ科の動物は、アジアとアフリカにしかおらず、そのほかでは絶滅しました。

ウマ目

オスどうしのたたかい

草食動物にはめずらしく、サバンナシマウマのオスにはするどい犬歯があります。この犬歯を使って、オスはメスをめぐり、激しくたたかいます。後ろ足でするどいけりを入れたり、血を流したりすることもあります。

グレービーシマウマ　ウマ科
ウマではめずらしく、なかまとのつながりが弱く、単独でくらすか、オス、メスが別々に一時的な群れをつくります。　250～300cm　349～451kg　ケニア北部、エチオピア南部　乾燥した草原　草、葉

前半分がシマウマ!?
かつて、体の前半分だけにしまのあるクアッガというシマウマがいました。数十頭になる群れをつくってくらしていましたが、すでに絶滅しています。

クアッガ　ウマ科
240cm、50cm（尾長）　250～300kg　南アフリカ　草原　草

ヤマシマウマ　ウマ科
山地にすむシマウマで、1頭のオスが数頭のメスとハーレムをつくります。のどの肉垂れが特ちょうです。　210～260cm、40～50cm（尾長）　240～372kg　アフリカ南西部　山岳地の高原や傾斜地　草、葉

アフリカノロバ［ソマリノロバ］　ウマ科
ウマのなかまでは最小で、ひづめの幅がせまいので、岩場をのぼるのに適しています。数日間、水を飲まなくても平気です。　1m　275kg　エチオピア、ソマリア　砂漠、低木林、草原　草、葉

モウコノウマ　ウマ科
野生では一度、絶滅したと考えられています。野生復帰のために、動物園などで生きのこっていた子孫をふやし、野外に放されています。　213cm、91cm（尾長）　200～300kg　モンゴルのアルタイ山地　砂漠、平原　草、葉、実

チベットノロバ（キャン）　ウマ科
野生のロバで、年長のメスをリーダーに、まとまりのある群れをつくります。ひじょうに数がすくなく絶滅が心配されています。　210cm、50cm（尾長）　250～440kg　中国西部　標高4000～7000mの草原、砂漠　草、葉

アジアノロバ（クーラン）　ウマ科
乾燥した砂漠や草原にすみ、食べものがすくなくても平気ですが、2～3日に一度は水を飲むことが必要です。　198～244cm　200～260kg　中央アジア、中東　砂漠、草原　草、枝、葉

大きさチェック
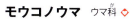
グレービーシマウマ　アジアノロバ

Q：ウマの顔が長いのは、なぜ？　A：草をすりつぶすための臼歯を、あごに、たくさんならべる必要があったからです。

ウマの品種

いまから約5000年前に中央アジアで家畜化されました。日本には弥生時代の末期に中国から入ったと考えられています。

ウマ目

ペルシュロン
荷物を運んだり、農業の仕事をする品種です。とても力があります。160～200cm　1000kg　◆フランス

サラブレッド
競馬用として品種改良されました。ウマのなかでいちばん速く、時速70kmほどで走ることができます。160～170cm　450～500kg　◆イギリス

アラブ
馬術競技や競馬でかつやくします。サラブレッドよりも長い距離を走る力があります。150cm　400kg　◆アラビア半島

〈日本にいるウマ〉

北海道和種（道産子）
おもに北海道で飼われていた品種です。力があり農作業や荷物運びにかつやくしました。125～135cm　350～400kg　◆北海道

木曽馬
おもに長野県木曽地方で飼われていた品種です。農作業や荷物運びの仕事をします。135cm　350～420kg　◆長野県、岐阜県

御崎馬
江戸時代から宮崎県都井岬で放牧されているウマです。国の天然記念物。100～120cm　300kg　◆宮崎県都井岬

与那国馬
沖縄県与那国島で育てられているウマです。農作業が仕事でしたが、現在は観光用の乗馬がおもな仕事です。110～120cm　200kg　◆沖縄県与那国島

112　＝体高（動物が4本の足でまっすぐ立ったときの、地面から肩までの高さ）　＝体重　◆＝原産地

バクのなかま

長くのびた鼻が特ちょうで、数千万年前から、すがたをほとんどかえていないとされます。森林に単独ですみ、おもに夜行性で、川辺などで植物を食べます。前足に4本、後ろ足に3本の指があります。

ベアードバク　バク科

ほおからのどにかけての、うすい色が特ちょうです。夜行性ですが、昼に活動することもあります。ジャガーなどの敵におそわれたときは水に逃げこみます。180〜250cm、5〜13cm（尾長）150〜300kg 中央アメリカ〜南アメリカ北部 湿地、森林、高地 葉、果実、枝、花、草

アメリカバク　バク科

水辺にちかい森林にすみます。首の背面に短く、かたいたてがみがあり、体のいちばん弱い部分の防具となっています。204cm（オス）、221cm（メス）、8cm（尾長）150〜250kg 南アメリカ北部・中部 森林 葉、果実、枝、草、樹皮、種

マレーバク　バク科

最大のバクです。うす暗い森では、体の白い部分だけが目立つため、全体の輪郭がよくわからず、敵に見つかりにくくなります。185〜240cm、5〜10cm（尾長）250〜320kg アジア南東部 熱帯の低地から高地の森林 草、葉、枝

ヤマバク　バク科

いちばん小さなバクで、高山地帯にすみます。臆病な動物で、ちょっとしたことで、おびえてしまいます。180cm 136〜182kg 南アメリカ北部 標高2000mあたりの草原、森林 葉、枝、草

ヤマバクの子どもには白い斑点としまもようがあり、茂みにまぎれるカムフラージュとなります。

ズームアップ！　バクの鼻

バクの鼻は、ゾウのように、鼻と上くちびるが、いっしょにのびたものです。食事のときは植物をもぎとるのに使い、泳ぐときにはシュノーケルの役目をします。鼻ののびたブタのようにも見えますが、バクはウマのなかまです。

大きさチェック　ヤマバク　アメリカバク　マレーバク

Q：バクは夢を食べるって、どういうこと？　A：夢を食べるバクは、中国の想像上の動物で、バクのなかまとは関係ありません。

113

サイのなかま

ゾウに次いで大きな陸上ほ乳類です。頭に1〜2本の大きな角をもち、前足、後ろ足ともに3本の指があります。食べものは草や木の葉などの植物で、世界に5種がいます。

▼サイのなかまは水辺にいることが多く、泳ぎが得意です。

スマトラサイ サイ科
いちばん小さなサイです。なかまと、おたがいに見つけ合うために、森のなかに、においのついた足跡をのこします。絶滅にひんしています。 236〜318cm 0.8〜2t ヒマラヤ山脈南部〜東南アジア南部 森林、丘陵地 葉、枝、果実、樹皮、種、堅果

ジャワサイ サイ科
ジャワ島とベトナムのジャングルにすんでいますが、ベトナムのジャワサイは、絶滅したといわれています。 335〜366cm 0.9〜1.4t 東南アジア 熱帯林 葉、枝、果実

インドサイ サイ科
よろいのように見える、厚い皮ふをもちます。体は大きいですが、敏しょうで、時速50kmで突進することもあります。 310〜380cm 2.2t（オス）、1.6t（メス） インド、パキスタン、ネパール 草原、森林 草、果実、葉、枝、種

ズームアップ！ 密猟から守る
角が、漢方薬などとして売買されるため、サイはさかんに密猟されてきました。そこで、サイたちを密猟から守るために、いろいろな対策がとられています。角をあらかじめ切っておく、というやり方も、そのひとつ。サイの角は、切られても再生されます。

クロサイ サイ科
自由に動く、上くちびるの先で、木の小枝などを引きよせ、葉や果実をつまむように食べます。 300〜375cm、70cm（尾長） 0.8〜1.4t アフリカ 森林、草原 葉、枝、草、樹皮、種、堅果

=体長 =体重 =分布 =生息環境 =おもな食べもの =日本にいる動物 =日本にいる外来種 =絶滅危惧種

クジラ偶蹄目の動物

Dr. ヤマギワのポイント！

このなかまは、かつてはウシ目とクジラ目に分かれていたが、最近ひとつにまとめられたんだ。かつてのウシ目の動物は、ひづめがある指を2本か4本（偶数）もつので偶蹄目ともよばれる。植物を食べる大きなグループだ。

キャラバン
ラクダは、砂漠にすむ人々にとって、荷物や人を運ぶ交通手段として、欠かせない動物です。ラクダのキャラバン（隊商）は、古くから、長距離間の貿易、人の交流、情報の伝達に、重要な役割をはたしてきました。

水場
ヒトコブラクダは、のどがかわいている場合、一度に130L以上の水を飲むこともありますが、その後は、何か月ものあいだ、水がなくても平気です。

ヒトコブラクダ　ラクダ科
すべてが家畜で、野生のものは絶滅しています。180kgの荷物をのせても、時速5kmほどで、何か月も旅ができます。
📏 300cm、50cm(尾長) ⚖ 600〜1000kg 🌍 中東、インド北部、アフリカ 🌳 砂漠 🍴 草、葉、枝

フタコブラクダ　ラクダ科 ◇
野生のものは中国とモンゴルに約900頭ほどが生きのこっているだけで、ほとんどは家畜にされています。オスを中心とする家族の群れでくらします。夏は山地へ移動して、冬は砂漠にもどります。
📏 300cm、50cm(尾長) ⚖ 600〜1000kg 🌍 中国西部、モンゴルた地域 🌳 乾燥し 🍴 葉、草、枝、樹皮、種

ズームアップ！ 砂漠に適したラクダの体

①鼻のあなを閉じることができ、砂ぼこりをふせぎます。

②まつげが長く、砂が目に入るのをふせぎます。

③足の幅が広いので、砂にうまりません。

④背中のこぶには脂肪がたくわえられ、食料不足のときのエネルギー源や水分になります。

クジラ偶蹄目

イボイノシシ イノシシ科
顔に大きないぼ、4本のするどいきばをもちます。昼行性で、時速50kmほどで走ることができます。 100～145cm 45～130kg アフリカ東部 草地 根、草、枝、果実、昆虫など

イノシシ、ペッカリーのなかま

雑食性で、きばとなる大きな犬歯と、短い足をもち、ユーラシアとアフリカを中心にイノシシ科が、中南米にペッカリー科がすんでいます。有蹄類では、イノシシだけが、巣をつくります。

イノシシ イノシシ科
地面に浅いあなをほり、草や枝をしいて巣をつくります。日本には、亜種のニホンイノシシとリュウキュウイノシシがいます。 90～180cm、30cm（尾長） 50～350kg 日本、アジア、ヨーロッパ、アフリカ北部 森林、低木地 根、キノコ、果実、草、小動物など

フィリピンヒゲイノシシ イノシシ科
顔にくっきりといぼがあり、ほおにはひげが生えています。大きな集団をつくり、果実をもとめて、森林を移動します。 112～115cm、11～14cm（尾長） 50～54kg フィリピン 森林、草原 果実、根、葉、草

カワイノシシ イノシシ科
数頭から20頭くらいの群れでくらし、夕方から活発に活動します。やぶをうまく走り、泳ぎもじょうずです。 100～150cm 54～115kg アフリカ南東部 標高4000mくらいまでの森林 根、巣実、小動物など

コビトイノシシ イノシシ科
最小のイノシシです。インドのせまい地域にごくわずかな数が生きのこっているだけで、絶滅が心配されています。 65cm、3cm（尾長） 8.5kg インド 低木のある草原 根、昆虫、小動物など

ズームアップ！ ニホンイノシシの子ども

イノシシのなかまの生まれたばかりの子どもには、しまもようがあり、「うりぼう」とよばれます。ニホンイノシシは、ふつう一度に5～6頭、ときには12頭の赤ちゃんを産みます。

イボイノシシのたたかい

イボイノシシがメスをめぐってたたかうときは、額と額で衝突しますが、このとき、大きないぼにより、相手の曲がったきばが顔にあたるのをふせぎます。

モリイノシシ　イノシシ科

オスとメス、その子どもからなる家族の群れでくらします。おもに昼、群れでなわばりを歩きまわり、食事をします。 190cm　180〜275kg　アフリカの赤道付近　森林　草、根、小動物

クチジロペッカリー　ペッカリー科

ときには100頭をこえる群れでくらします。昼も夜も、食べものをさがして移動します。 75〜100cm、1.5〜5.5cm（尾長）　25〜40kg　中央・南アメリカ　砂漠の低木林、森林　果実、葉、根、小動物、サボテンなど

クビワペッカリー　ペッカリー科

十数頭から数十頭までの群れをつくって生活します。両親と群れのメンバーで、子どもを育てます。 80〜100cm　15〜25kg　中央・南アメリカ　熱帯雨林　草、根、果実、小動物など

▶サボテンの果実は、クビワペッカリーの重要な食物です。

バビルサ　イノシシ科

オスの4本のきばのうち、2本は、鼻づらをつきぬけてのびています。きばは、その大きさや形がメスをひきつけるとされています。 85〜110cm、20〜32cm（尾長）　43〜100kg　インドネシア　川や湖にちかい林　葉、枝、果実、キノコ

大きさチェック
モリイノシシ　イボイノシシ　バビルサ　クビワペッカリー

Q&A Q：イボイノシシの警戒信号は？　A：尾を立て、群れのメンバーについてくるよう合図します。

クジラ偶蹄目

マメジカ、ジャコウジカのなかま

マメジカ科は、体が小さいことから、ネズミジカともよばれます。ジャコウジカ科は、オスの下腹部の分泌腺からとれるじゃ香が、古くから貴重とされてきました。いずれも、原始的なシカのなかまです。

ヤマジャコウジカ　ジャコウジカ科

単独または2〜3頭でくらし、朝と夕方、食事に出かけます。1頭ずつなわばりをもち、岩をのぼるのがじょうずです。 100cm 10〜15kg ヒマラヤ山脈 標高2400〜4500mの森林 草、葉、コケ

長い後ろ足

ジャコウジカは、前足よりも後ろ足が長く、山地をのぼるのに適した体をしています。
（写真はヤマジャコウジカ）

120　=体長　=体重　=分布　=生息環境　=おもな食べもの　=日本にいる動物　=日本にいる外来種　◇=絶滅危惧種

キリン Giraffe

キリンのなかま❶

キリン科には、長い首と足をもつキリンと、その首と足を短くしたようなオカピの2種がいます。キリンは草原に、オカピは森林にすみ、どちらも角と長い舌をもちます。草や木の葉を食べ、反すう※をします。

※反すう……一度飲みこんだ食べものをふたたび口にもどして、かみなおすこと。

キリン キリン科

いちばん背の高い動物で、背のわりに、胴が短いのも特ちょうです。時速45〜50kmで、長距離を走ることができます。

🩸 4.7〜5.7m ⚖ 1.2〜1.9t 🐛 アフリカ 🌳 サバンナ、開けた森林、砂漠 🌸 葉、花、種、果実

DVD 長い首でけんかする

キリンの体

たてがみ
首の背面に、毛足の短いたてがみが生えていますが、その役割は、よくわかっていません

角
ふつう2本ですが、とさには4本、または5本の角をもつキリンもいます

舌
食事のときは、50cmもある長い舌を木の枝にからめ、口もとに運んで、葉をとって食べます

足
強烈なキックで、ライオンを殺すこともあります

耳
聴覚はすぐれていますが、コミュニケーションは、おもに、身ぶりによる信号でおこなわれます

目
大きくて視力がよく、高い位置にあるので、ほ乳類のなかでいちばん、広い範囲のものを見ることができます

口
くちびるも舌も、じょうぶなので、とげに守られた木の枝からも、平気で葉をとることができます

大きさチェック

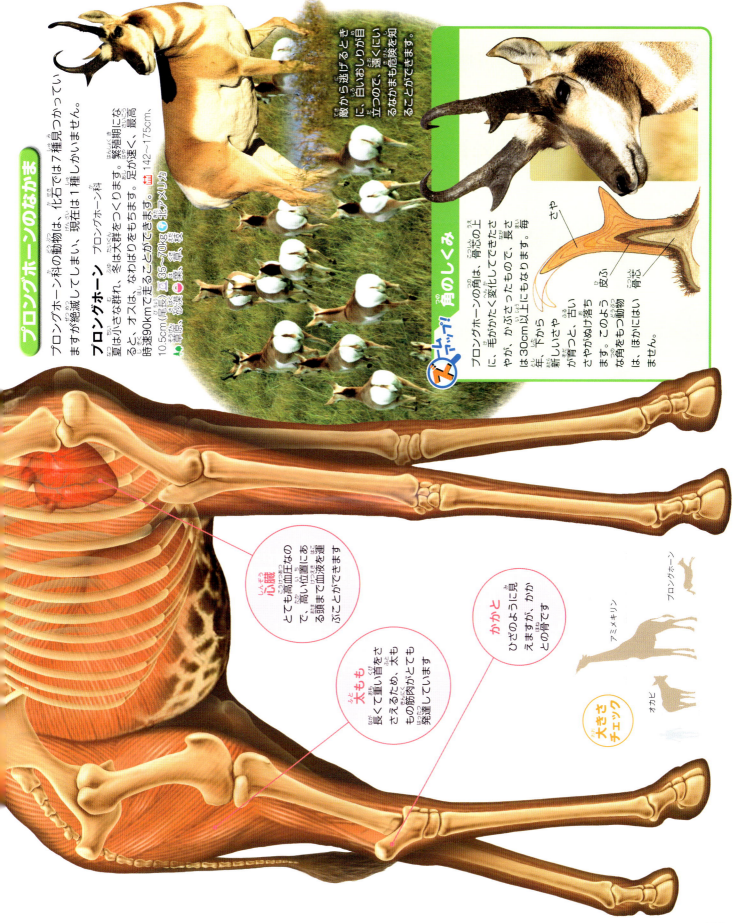

シカのなかま❶

シカ科は、ほとんどの種のオスだけが、枝分かれした角をもつのが特ちょうです。森林からツンドラまで、種によって、いろいろな環境にすみ、植物を食べてくらしています。上あごには前歯がありません。

オジロジカ　ヘラジカ
大きさチェック

クジラ偶蹄目

ツンドラ
写真は、アラスカにあるデナリ国立公園のツンドラ地帯です。おもに北極周辺の、ふだんは地面が凍結し、木が育たない野原をツンドラといいます。一日の平均気温が0℃をこえる夏の2か月間は、表層がとけて低木や草、コケが育ち、動物たちが冬にそなえて食物を補給します。

126　=体長　=体重　=分布　=生息環境　=おもな食べもの　=日本にいる動物　=日本にいる外来種　=絶滅危惧種

ヘラジカ（ムース） シカ科
いちばん大きなシカで、オスの巨大な枝角は、左右の開きが2m、重さ35kgにもなります。オス、メスとも単独でくらします。240〜310cm（オス）、230〜300cm（メス）、8〜12cm（尾長） 360〜600kg（オス）、270〜400kg（メス） 北アメリカ、ヨーロッパ、ユーラシア北部 ツンドラ、森林 水草、葉、樹皮、花

オジロジカ シカ科
北アメリカの一般的なシカで、数頭の小さな群れでくらします。おどろくと、尾を上げ、裏のまっ白な部分を目立たせて逃げます。150〜200cm、10〜28cm（尾長） 57〜137kg 北アメリカ〜南アメリカ北部 草原、低木地、荒れ地 葉、枝、草、サボテン

アカシカ シカ科
オスの角は、左右の開きが1mをこえ、ヘラジカに次ぐ大きなシカです。アメリカや東アジアにすむ亜種は、最新の研究では別種とされています。160〜270cm 178〜497kg（オス）、171〜292kg（メス） ヨーロッパ、北アフリカ 開けた森林 草、葉、樹皮、根

ズームアップ！ アカシカの角
アカシカのオスは、1歳になると角が生え、2歳で枝分かれがはじまります。年をとるごとに枝はふえますが、12歳をこえたころから、角の形や枝の数は変化しなくなります。

1年
2〜3年
3年
3〜4年
4年
6〜8年

アカシカの発情期
オスは発情期になると、ハーレムをめぐり、激しくたたかいます。まず、挑戦者がリーダーにちかづき、2頭でうなり声を発します。やがて角をぶつけ合い、おしたり、ひねったりして争います。負けたほうは逃げていきます。

Q：ヘラジカの好きな食べものは？　A：ミネラルが豊富な水草です。

シカのなかま❷

クジラ偶蹄目

角が生えかわる前のトナカイのオス。角の皮がむけています。

トナカイ（カリブー） シカ科
シカのなかまでは唯一、オスとメスの両方に角があります。夏はツンドラへ、冬は南へ、毎年、集団で大移動をおこないます。 🏛150〜230cm ⚖55〜318kg 🌍北極圏 🌲ツンドラ、タイガ 🍱葉、草、キノコ、樹皮

シフゾウ シカ科 ◇
野生のものは絶滅しました。しかし、中国で飼われていたものがイギリスに移され、いまも世界の動物園で飼われています。 🏛183〜216cm、22〜36cm(尾長) ⚖159〜214kg 🌍中国にいたが野生では絶滅 🌲低地、沼地 🍱草

ノロ（ノロジカ） シカ科
夏は単独か、家族の小さな群れでくらし、冬は数十頭の大きな群れをつくります。おもに夜、活動します。 🏛105〜123cm、2〜3cm(尾長) ⚖23〜30kg 🌍ヨーロッパ〜アジア西部 🌲森林、草原 🍱草、葉、種、果実

冬のトナカイ
冬、南へ移動したトナカイは、雪の下にうもれたコケや植物をにおいでさがし出し、ひづめや角でほり出して食べます。

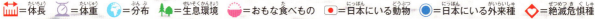
🏛=体長 ⚖=体重 🌍=分布 🌲=生息環境 🍱=おもな食べもの 🇯🇵=日本にいる動物 ⦿=日本にいる外来種 ◇=絶滅危惧種

キョン（タイワンキョン）　シカ科

森のなかで単独でくらし、危険を感じると、犬のような声で鳴きます。日本の千葉県や伊豆大島では、逃げ出して野生化したものが繁殖しています。70〜113cm、11cm(尾長) 11〜28kg 中国東部、台湾 森林 葉、枝、種、樹皮など

ニホンジカ
[エゾシカ、ホンシュウジカ、ヤクシカ、ケラマジカなど]　シカ科

DVD シカが海をわたる

ふだんは単独、あるいは小さな群れでくらし、秋になると、1頭のオスが5〜6頭のメスとハーレムをつくり、子育てをします。亜種ケラマジカは天然記念物です。95〜180cm、7.5〜13cm(尾長) 25〜130kg 日本、東南アジア 低木林、沼地、草原 草、葉、枝、樹皮など

アクシスジカ　シカ科

ときには100頭をこえる群れでくらし、おもに昼に活動します。泳ぎがじょうずで、追われると水中に逃げます。150cm 27〜45kg インド、スリランカ 草原、ジャングル周辺 草、花、果実、葉、キノコ

プーズー　シカ科

シカ科でいちばん小さく、南アメリカの森林にすんでいます。単独か、小さな家族の群れでくらしています。数がすくなく絶滅にひんしています。60〜82.5cm 10kg 南アメリカ 温暖な森林 葉、果実、樹皮

パンパスジカ　シカ科

開けた草原に、十数頭ほどの小さな群れですみ、夜間に食事をし、朝に日光浴や水浴びをしてから休みます。110〜140cm 30〜40kg 南アメリカ東部 開けた草原 葉

キバノロ　シカ科

原始的なシカです。角がありませんが、オスには長いきばがあります。78〜100cm、6〜7.5cm(尾長) 12〜18.5kg アジア東部 水場にちかい草むら 草、葉

サンバー（スイロク）　シカ科

よく水を飲み、泳ぎもじょうずなことから、別名を水鹿といいます。オスは単独、メスは小さな群れで生活します。160〜250cm 185〜260kg 東南アジア〜インド 森のある丘 草、葉、果実、枝、樹皮

大きさチェック
トナカイ　アクシスジカ　プーズー

Q&A　Q：一年に2回おこなわれるトナカイの大移動の距離は？　A：往復で5000kmくらいです。

ウシのなかま❶

ウシ科の多くは、体ががっしりと大きく、先がふさふさした細長い尾をもちます。角はオス、メスともに生え、シカのように枝分かれしたり、ぬけ落ちることはありません。

クジラ偶蹄目

アメリカバイソン ウシ科◇

北アメリカでいちばん体重の重い動物ですが、時速60km以上で走ることができます。夏の繁殖期には、大きな群れをつくります。 360〜380cm(オス)、213〜318cm(メス) 318〜900kg アメリカ、カナダ西部 草原 草、根、葉

130 =体長 =体重 =分布 =生息環境 =おもな食べもの =日本にいる動物 =日本にいる外来種 =絶滅危惧種

ヨーロッパバイソン　ウシ科

かつて野生では絶滅しましたが、のちに動物園で飼われていたものが自然環境に放たれて、数をふやしました。 290cm、80cm（尾長） 400〜920kg（オス）、300〜540kg（メス） ヨーロッパ 針葉樹林 草、葉、樹皮

大きさチェック
アメリカバイソン　ヨーロッパバイソン

頭つきのたたかい
繁殖期になると、オスどうしはメスの群れを獲得するために、いきおいよく頭をぶつけ合ってたたかいます。たたかいに勝ったオスは、たくさんのメスをしたがえたハーレムをつくり、子孫をのこします。

砂浴び
毛についた寄生虫や汚れを落とすために、プレーリードッグがつくった土の山などに体をこすりつけて、砂浴びをします。

Dr.ヤマギワのなるほど！コラム
乱獲されたアメリカバイソン
かつて、アメリカバイソンは、北アメリカの平原に5000万頭以上がすみ、秋には大きな群れの大移動が見られました。しかし、乱獲のため、一時は数百頭まで減少したことがあります。現在は国立公園や鳥獣保護区で保護され、およそ50万頭まで回復しています。

Q&A Q：北アメリカの大草原のシンボルとされる動物は？　A：アメリカバイソンです。

ウシのなかま❷

クジラ偶蹄目

アジアスイギュウ ウシ科
おもに水辺でくらしています。古くから家畜化されていて、野生のものはとても数がすくなくなっています。 2.4〜3m 250〜1200kg ネパール、インド 熱帯林、草原 草、葉

アノア ウシ科
原始的な、小型のスイギュウで、水浴びと泥浴びが好きです。単独かペアでくらし、早朝と夕方に活動します。 1.8m、40cm（尾長） 90〜225kg インドネシア 森林、沼地 草、葉、果実

バンテン ウシ科
メスと子どもは40頭くらいまでの群れをつくり、オスが1頭くわわります。ほかのオスは単独か、オスだけの小さな群れでくらします。 1.9〜2.3m、65〜70cm（尾長） 600〜800kg 東南アジア 開けた茂み、森林、竹やぶ 草、葉

ガウル ウシ科
大型の野生のウシで、ふつう20頭ぐらいまでの群れでくらしますが、ときに群れが集まって大群になることがあります。 2.5〜3.3m、70〜105cm（尾長） 650〜1000kg インド、東南アジア南部 丘陵地の森林 草、葉

ズームアップ！ アジアスイギュウによる田起こし

アジアスイギュウは、5000年以上も前から家畜化され、人間の生活をささえてきました。その角は、横に平たくなっています。

ヤク ウシ科
高山に生息する牛で、長い毛で体がおおわれていて寒さに強いです。ほとんどが家畜化され、野生のものは絶滅が心配されています。 2〜3.3m 300〜1000kg チベット高原 草原、砂漠 草、枝、葉

132　 =体長　 =体重　 =分布　 =生息環境　 =おもな食べもの　 =日本にいる動物　 =日本にいる外来種　 =絶滅危惧種

まるでヘルメット

アフリカスイギュウの角は、オス、メス、ともに巨大で、とくに、オスの角のつけ根は、大きく盛り上がり、昔の海賊のヘルメットのようにも見えます。

アフリカスイギュウ　ウシ科

乾季には数千頭の大群になることもあり、なわばりをもたずに移動します。時速60kmちかくで走ることができます。 2.1～3m、75～110cm（尾長） 500～900kg　アフリカ　乾燥地　草

大きさチェック
アフリカスイギュウ／アジアスイギュウ／ヤク

Q：アフリカスイギュウは強いの？　A：ときにはライオンに立ち向かうほどの力をもっています。

133

ウシのなかま❸

クジラ偶蹄目

オグロヌーの大移動
オグロヌーは、雨季と乾季のかわり目には、数万頭の大群をつくり、食物をもとめて片道数百キロの、大移動をします。

オグロヌー（ワイルドビースト） ウシ科
サバンナにすみ、ときには1000頭以上の大群をつくります。シマウマやインパラとまざって群れをつくることもあります。 1.7〜2.4m、60〜100cm（尾長） 140〜290kg アフリカ東部〜南アフリカ サバンナ、低木地 草、葉

ニルガイ ウシ科
20頭くらいまでの小さな群れでくらし、昼に活動します。繁殖期になると、1頭のオスが、なわばりに多くのメスを取りこみます。 1.8〜2m 120〜240kg インド 草原、森林 葉、草、花、種、果実

ウォーターバック ウシ科
水をよく飲み、食物が不足しなければ、水辺に定住します。敵に追われると、水中へ逃げこみます。 1.8〜2.4m 160〜300kg アフリカ 水辺、草原 草

ブラックバック ウシ科◇
50頭くらいまでの群れでくらし、暑い昼はさけて、早朝と夕方に活動します。最高時速80kmで走ることができます。 1.2m 32〜43kg インド、パキスタン 明るい林、半砂漠 草

=体長 =体重 =分布 =生息環境 =おもな食べもの =日本にいる動物 =日本にいる外来種 ◇=絶滅危惧種

ニアラ ウシ科

数頭の群れでくらし、その群れが集まって数十頭の大きな群れになることもあります。夕方から早朝にかけて、よく活動します。🏠 1.4〜2m、40〜55cm（尾長） ⚖ 98〜125kg（オス）、55〜68kg（メス） 🌍 アフリカ南東部 🌳 サバンナ 🍽 葉、草、枝、花、果実

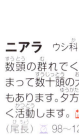
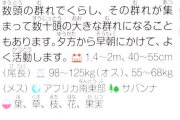
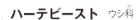

オグロヌー　ブラックバック　オリックス　イランド
大きさチェック

ハーテビースト ウシ科

ふつう300頭くらいまで、ときには1万頭になる群れをつくり、朝と夕方、活動します。時速70〜80kmで走ることができます。🏠 1.5〜2.5m、30〜70cm（尾長） ⚖ 75〜200kg 🌍 アフリカ 🌳 サバンナ 🍽 草、種

イランド ウシ科

体が大きなわりにジャンプが得意で、敵から逃げるときに、なかまを飛びこえることもあります。🏠 2.1〜3.5m、50〜90cm（尾長） ⚖ 400〜1000kg（オス）、300〜600kg（メス） 🌍 アフリカ 🌳 草原、明るい林 🍽 草、葉、枝、果実

アダックス ウシ科 ◇

1か月以上、水を飲まなくても平気ですが、雨季には、雨を追って、数百頭の大群で移動します。🏠 1.5〜1.7m、25〜35cm（尾長） ⚖ 60〜125kg 🌍 アフリカ北部 🌳 砂漠 🍽 草、枝、葉、樹皮、花

ブッシュバック ウシ科

母親と新しい子ども以外は単独でくらし、小さななわばりをもちます。泳ぎがうまく、小さな島にわたってすみつくものもいます。🏠 1.1〜1.5m、40〜80cm（尾長） ⚖ 40〜80kg（オス）、25〜60kg（メス） 🌍 アフリカ中部 🌳 森林のはずれ 🍽 葉、草、枝、花

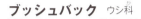

ズームアップ！ 乾燥に強いオリックス

砂漠にくらすオリックスは、水がないときは、植物などから水分をとることによって、数週間も水を飲まずにすごすことができます。おもに水分の多い植物をこのんで食べます。

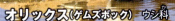

オリックス（ゲムズボック） ウシ科

オス、メスともにもつ角は、長さ1.5mになることもあります。ふだんは十数頭ほどの群れでくらし、早朝、夕方、月夜に活動します。🏠 1.8〜2m ⚖ 180〜240kg 🌍 アフリカ南部 🌳 草原、砂漠 🍽 草、根、果実、樹皮

Q&A Q：ヌーの群れが、シマウマの群れを追うのはなぜ？　A：シマウマが、草のかたい部分を食べたあと、ヌーがのこりを食べるからです。

ウシのなかま④

グラントガゼル　ウシ科
乾季は草の多い低地で200〜400頭の大群をつくりますが、雨季には、高地で小さな群れに分かれてくらします。 📏1.4〜1.7m ⚖45〜65kg 🌍アフリカ東部 🌳標高2000〜2500mのサバンナ、半砂漠 🍴葉、草、花

クジラ偶蹄目

セーブルアンテロープ　ウシ科
群れは、1頭のオスが、10〜30頭ほどのメスと子どもを率います。若いオスは、3歳くらいになると、群れから出されます。 📏1.9〜2.6m、40〜75cm（尾長） ⚖220〜238kg 🌍アフリカ中部 🌳サバンナ、森林 🍴草、葉

クーズー　ウシ科
オスの角は、長さ1.2mにたっします。メスと子どもで10頭ほどの群れをつくり、ときどきオスが1〜2頭くわわります。 📏1.9〜2.5m ⚖120〜315kg 🌍アフリカ南部・東部 🌳低木の茂み 🍴葉、花、草

疾走するインパラ
インパラは足が速く、そのジャンプは、ひと飛びで幅10m、高さ3mにたっします。このジャンプ力のおかげで、天敵の大型ネコ科動物から逃げのびることができます。

ボンゴ　ウシ科 ◆
森のなかにすみ、おもに木の葉が主食です。単独または小さな群れでくらしています。 📏1.7〜2.5m、45〜65cm（尾長） ⚖240〜405kg（オス）、210〜235kg（メス） 🌍アフリカ中部 🌳低木林 🍴葉、草、枝、花

スプリングボック　ウシ科
メスと子どもで100頭ほどの群れをつくります。おどろくと高さ3mをこえるジャンプをくり返して警戒します。 📏1.2〜1.5m、20〜32cm（尾長） ⚖25〜45kg（オス）、20〜30kg（メス） 🌍アフリカ南部 🌳サバンナ 🍴葉、草

📏=体長　⚖=体重　🌍=分布　🌳=生息環境　🍴=おもな食べもの　●=日本にいる動物　●=日本にいる外来種　◆=絶滅危惧種

大きさチェック

ビッグホーン / バーバリーシープ / アイベックス / ブルーシープ

ブルーシープ（バーラル）　ウシ科

オス、メスともに角があり、オスの角は長さ80cmをこえます。高山の斜面や、草原で、数頭から20頭ほどの群れでくらします。📏 1.2〜1.4m　⚖ 35〜75kg　🌍 チベット高原　🌲 乾燥地の山　🍽 草、枝、葉、種など

DVD 高い岩場をかけまわる

サイガ　ウシ科 ◇

乾燥地帯にすみ、大きな鼻は、吸いこむ空気をあたため、しめらせるはたらきがあります。ふつう30〜40頭ほどの群れで生活します。📏 1〜1.5m　⚖ 30〜40kg　🌍 中央アジア　🌲 乾燥した草原、半砂漠　🍽 草

アルガリ　ウシ科

最大の野生のヒツジです。繁殖期をのぞいて、オスとメスは別々に群れをつくり、夏は高地へ、冬は低地へ移動します。📏 1.2〜1.9m　⚖ 60〜185kg　🌍 シベリア、チベット、アフガニスタン　🌲 標高1000〜6000mの山　🍽 草

ビッグホーンの頭つき

オスの角は重さ15kgにたっします。頭骨は、オスどうしが角をぶつけ合ってたたかうときに、脳への衝撃をやわらげる構造になっています。

ビッグホーン　ウシ科

繁殖期になると、オスは大きな集団となって、メスをめぐってたたかい、角と角の衝突する音が、何時間もひびきわたります。📏 1.6〜1.8m（全長）　⚖ 119〜127kg（オス）、53〜91kg（メス）　🌍 ロッキー山脈　🌲 山の草地　🍽 草

Q&A　Q：シロイワヤギは、がけから落ちることはないの？　A：大人はほとんどありませんが、子どもは、まれに落ちるようです。

マーコール ウシ科
家畜のヤギの祖先のひとつで、山地の森林地帯の岩場をこのみ、数頭ほどの小さな群れでくらします。 1.4〜1.8m、8〜14cm(尾長) 80〜110kg(オス)、32〜50kg(メス) アジア西部 草原、標高600〜3600mの山 草、葉、枝

ムフロン ウシ科
家畜のヒツジの祖先のひとつです。山地に、オス、メスと子どもが別々に小さな群れをつくってくらします。 1.2〜1.8m、7〜15cm(尾長) 20〜200kg 中東、中央アジア 山地林から砂漠まで、さまざま 草

ターキン ウシ科
夏は、家族の群れがいくつか集まって、山の高いところでくらし、冬は、家族の群れに分かれて低地におります。 2.1〜2.2m(オス)、1.7m(メス)、15cm(尾長) 150〜400kg アジア中部 標高1000〜4250mの森林のある谷 葉、枝、草

寒さをふせぐ毛
ジャコウウシは、古くから北極にすみつき、極寒の地に適応しました。寒さをふせぐための密生した毛は、長さが60cm以上あります。

ジャコウウシ ウシ科
北極にすむウシのなかまです。長い毛で体がおおわれており、きびしい寒さでも平気です。 2〜2.5m(オス)、1.4〜2m(メス)、5〜10cm(尾長) 300〜400kg(オス)、180〜275kg(メス) 北アメリカ北部 ツンドラ 草、葉、枝

DVD 角がヘルメット

Q&A Q:ジャコウウシの身の守り方は？ A:何頭もが、おしりをくっつけるようにして円陣を組みます。

縦書き見出し（左端）：クジラ偶蹄目

ウシ、ブタの品種

ウシは、オーロックスという野生のウシを家畜にしたと考えられています。ブタはイノシシを改良した家畜です。

ホルスタイン
おもに乳を利用するための品種ですが、食肉用にもなります。世界じゅうで飼われています。📏140〜150cm ⚖600〜700kg ◆オランダ

ヘレフォード
食肉用の品種です。じょうぶで飼いやすいので世界じゅうで飼育されています。📏127〜140cm ⚖650〜1200kg ◆イギリス

ジャージー
乳を利用する品種です。脂肪分が多く、バターをつくるのに向いています。世界じゅうで飼われています。📏130〜140cm ⚖400〜700kg ◆イギリス

黒毛和種
食肉用の品種で、外国のウシとかけ合わせて品種改良されました。高品質の肉として有名です。📏130〜142cm ⚖520〜962kg ◆日本

ヨークシャー
（大ヨークシャー）
イギリスの在来種に中国のブタなどをかけ合わせて1880年ごろにできた品種です。⚖350〜380kg ◆イギリス

ランドレース
デンマークの在来種に大ヨークシャーをかけ合わせてできた品種です。脂肪分がすくない肉が特ちょうです。⚖350〜380kg ◆デンマーク

メイシャントン
中国の在来品種です。高品質の肉がとれます。『西遊記』の猪八戒のモデルといわれています。⚖150〜170kg ◆中国

142　📏＝体高（動物が4本の足でまっすぐ立ったときの、地面から肩までの高さ）　⚖＝体重　◆＝原産地

ヤギ、ヒツジの品種

ヤギやヒツジは、肉や毛、乳、皮など、多くのものを利用できるすぐれた家畜です。

カシミアヤギ
このヤギからとれるカシミアとよばれる毛を材料に、高級な織物がつくられます。📏65〜80cm ◆中央アジア

アンゴラヤギ
毛を利用するヤギです。モヘアとよばれる白い絹のような光沢のある長い毛が特ちょうです。📏55cm ◆中央アジア

シバヤギ
日本の在来種です。長崎県五島列島などで肉をとるために飼われていました。📏55cm ◆長崎県

日本ザーネン
スイス原産のザーネン種をもとに日本でつくられた品種です。おもに乳を利用します。📏75〜80cm ◆日本

サフォーク
食肉用の品種です。羊毛もメリヤス、ツイード、フェルトに使われます。⚖90〜130kg ◆イギリス

メリノ
羊毛用の品種です。12世紀ごろに誕生し、その後、世界各地でこの品種をもとにあらたな品種がつくり出されています。⚖35〜40kg ◆スペイン

コリデール
羊毛と肉の両方が利用できる品種です。日本でいちばん多く飼われています。⚖60〜100kg ◆ニュージーランド

Q&A Q：ヒツジが家畜になったのはいつごろ？　A：1万年前から8000年前ごろではないかと考えられています。

カバのなかま

カバ科には、草原にすむ大型のカバと、森林にすむ小型のコビトカバの2種がいます。どちらも、昼間は水に入ってすごし、夜になると陸に上がって草を食べます。クジラにちかい動物とされています。

クジラ偶蹄目

カバ　カバ科

昼は水辺や水中ですごし、夜は陸で食事をします。草は、幅の広いくちびるで、引きぬいて食べます。　4.3〜5.2m、56cm（尾長）　3〜4.5t　サハラ砂漠より南のアフリカ　草地にちかい水場　草、根、葉、樹皮

見てみよう！戦え！アニマルズ　DVD　大きな口でけんか
見てみよう！びっくり！ちょっと失礼選手権　DVD　まきふんですがたをくらます

コビトカバ　カバ科

とても小さな原始的なカバで、熱帯雨林の沼地などにすんでいます。数がとてもすくなく絶滅が心配されています。　150〜175cm、20cm（尾長）　160〜275kg　アフリカ西部　森にちかい沼や川　草、根、葉、果実

ズームアップ！ カバの汗は赤いってほんとう？

カバの皮ふからは、赤い汗のようなすこしネバネバした液体が出てきます。これは汗ではなく、特しゅな色素をふくんだ液体で、毛が生えていない皮ふを有害な紫外線や細菌の感染から守るはたらきがあります。

カバの道

夜、水場から上がったカバは、いつもと同じ、踏みならされた道を通って、食事に出かけます。ふつう、水場から300m以上ははなれませんが、食物の草をもとめて、一晩に数キロ、ときには10kmも歩きまわることがあります。

大きさチェック

カバ　コビトカバ

=体長　=体重　=分布　=生息環境　=おもな食べもの　=日本にいる動物　=日本にいる外来種　=絶滅危惧種

オスのたたかい

カバのオスは攻撃的です。なわばりやメスをめぐってたたかうときは、最初は儀式的で、口を大きく開けて、口のなかと犬歯を見せ合い、下あごを強く打ち合わせます。しかし、本格的なたたかいがはじまると、ときには1時間半もつづき、死にいたることがあります。

Q：カバが危険な動物って、ほんとう？　A：ほんとうです。人がおそわれて亡くなることもあります。

145

クジラ偶蹄目

ハクジラのなかま❶

あごに歯が生え、魚やイカを食べます。ヒゲクジラより小型のものが多く、あまり長い距離を回遊しないで、決まった海域でくらしています。ハクジラ類のうち、4〜5m以上の大型のものをクジラ、それより小さいものをイルカとよびますが、この区別は、はっきりしたものではありません。

DVD 音を使ってハンティング

オウギハクジラ　アカボウクジラ科
小さな群れで行動します。横にならんで海面ちかくを移動したり、いっしょにもぐったりします。　4.6〜5.3m　1t
日本近海、北太平洋　冷たい海をこのむ　イカ、魚

イチョウハクジラ　アカボウクジラ科
下あごに生える1対の歯が、イチョウの葉のような形をしているので、この名がつけられました。　5m　1.5t　日本近海、北太平洋、インド洋　あたたかい外洋をこのむ　魚、イカ

ズームアップ！ マッコウクジラの大きな頭

頭の大部分をしめる「脳油」は、体のバランスをとるのに役立っていると考えられています。潮ふきあなはひとつですが、鼻道は左右2本に分かれています。

- 潮ふきあな（鼻孔）
- 鼻道（右）
- 脳油（脂肪でできた組織）
- 鼻道（左）
- 前鼻のう（震動させて超音波を出すと考えられている）
- 前庭のう（バランス感覚をつかさどる器官）
- ジャンク（脳油をつくるための組織）
- 骨

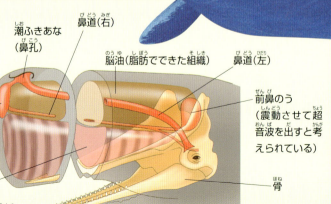

マッコウクジラ　マッコウクジラ科
いちばん大きなハクジラで、水深3000mくらいまでもぐれます。頭部には、獲物のダイオウイカとたたかったときに吸盤でつけられた傷がついているときがあります。　19m（オス）、12m（メス）　35〜50t　日本近海、世界じゅうの海　水深3000mまでの海　イカ、魚

＝体長　＝体重　＝分布　＝生息環境　＝おもな食べもの　＝日本にいる動物　○＝日本にいる外来種　◆＝絶滅危惧種

コブハクジラ　アカボウクジラ科
あたたかい海にすみ、昼も夜も同じくらいの回数、獲物をとらえるために800m以上ももぐります。 3〜7m　1.1t　日本近海、世界じゅうの海　あたたかい海をこのむ　魚、イカ、貝

ハッブスオウギハクジラ　アカボウクジラ科
たった一度しか観察例がなく、くわしい生態はよくわかっていません。体の傷は、オスどうしのたたかいの傷ではないかと考えられています。 4.3〜6.2m　1.5t　日本近海、北太平洋　岸から遠い深い海　イカ、魚

長くのびたきばは、オスどうしがたたかうときの武器や、感覚器官としての役割があるという説があります。

イッカク　イッカク科
オスの角のように見えるものは、上あごをつきぬけてのびた左側のきばで、長さが3mにもなります。ごくまれに、2本のきばがのびたものも見つかっています。 4.7m(オス)、4m(メス)　1.6t(オス)、0.9t(メス)　北極海　氷のある深い海　イカ、魚、オキアミ

DVD 一本角をつき出して

大きさチェック
マッコウクジラ
シロイルカ
ハッブスオウギハクジラ

▶氷の下でくらすシロイルカ。背びれがないのは、氷の下での生活に適応した結果と考えられています。

オガワコマッコウ　コマッコウ科
いちばん小さなクジラのひとつで、生きているすがたが観察されることは、あまりありません。体のわりに大きな背びれをもっています。 2.1〜2.7m　136〜272kg　日本近海、太平洋、大西洋、インド洋　沿岸にちかいところ　イカ、魚、オキアミ

シロイルカ（ベルーガ）　イッカク科
成長とともに体が純白になります。流氷に合わせて移動する群れもいます。 3〜4.6m　1.4〜1.5t　北極海　入り江、フィヨルド　魚、オキアミ、イカなど

Q&A Q：脳がいちばん大きな動物はなに？　A：マッコウクジラといわれていて、脳の重さが平均7kgもあります。

147

ハクジラのなかま❷

クジラ偶蹄目

マイルカ　マイルカ科
数百頭から数千頭の群れをつくってくらし、スジイルカやカマイルカの群れとまじることもあります。1.5〜2.4m　100〜136kg　日本近海、太平洋、大西洋　水温10℃以上をこのむ　魚、イカ

マイルカの群れ
マイルカは、数百頭から数千頭の集団でくらし、移動も、食事も、呼吸もいっしょにします。

ハクジラのなかま❸

アマゾンカワイルカ
アマゾンカワイルカ科
淡水にすむイルカで最大です。成長すると体がピンク色になるものもいます。 1.2〜2.6m 99〜185kg アマゾン川、オリノコ川 川、湖 魚、は虫類、エビなど

クジラ偶蹄目

アマゾンカワイルカのオスは、口に魚や枝などをくわえて、メスに求愛する習性があります。

ヨウスコウカワイルカ
ヨウスコウカワイルカ科
淡水にすむイルカです。視力が弱いため、エコーロケーションを使用して生活します。現在は、絶滅したのではないかといわれています。 1.4〜2.2m(オス)、1.9〜2.5m(メス) 42〜125kg(オス)、64〜167kg(メス) 中国 川、湖 魚

大きさチェック

ハセイルカ　アマゾンカワイルカ
ユメゴンドウ　ミナミハンドウイルカ

=体長　=体重　=分布　=生息環境　=おもな食べもの　=日本にいる動物　=日本にいる外来種　=絶滅危惧種

イワシの群れをおそうハセイルカ。

ハセイルカ　マイルカ科
長いくちばしで、マイルカと区別できます。生息数が多く、十数頭から2000頭の群れをつくります。
1.9〜2.5m　80〜235kg　日本近海、太平洋、大西洋、インド洋　熱帯から温帯の海　魚、イカ

カズハゴンドウ　マイルカ科
歯の数が多いことから名づけられました。たくさんの個体が、浜に打ち上げられることがあります。
1.4〜2.8m　228〜275kg　日本近海、太平洋、大西洋、インド洋　あたたかい海　イカ、魚

ミナミハンドウイルカ　マイルカ科
人なつっこいイルカで、泳いでいるとちかづいてくることがあります。
2.4〜2.7m　230kg　日本近海、インド洋、太平洋西部　沿岸　魚、イカ

ユメゴンドウ　マイルカ科
50頭ほどの群れでくらします。ほかのイルカをおそうこともあります。
2.1〜2.6m　110〜170kg　日本近海、太平洋、大西洋、インド洋　熱帯から亜熱帯の外洋　イカ、魚

カワゴンドウ　マイルカ科
東南アジアとインドの大きな川の河口や沿岸にすむイルカです。首がよく動きます。
146〜275cm　114〜133kg　インド、東南アジア　河口、沿岸　魚、イカ、タコ、エビ、カニ

Q：これから新種のクジラが見つかる可能性はあるの？　A：死体しか知られていない種類もいるので、可能性はじゅうぶんあります。

ハクジラのなかま④

クジラ偶蹄目

カマイルカ マイルカ科
数十〜数百頭の群れをつくります。時速55kmで泳ぎ、アクロバチックな動きを見せます。 1.5〜3.1m 82〜124kg 日本近海、太平洋北部 冬は近海を回遊 魚

ネズミイルカ ネズミイルカ科
10頭以下の小さな群れでくらします。最高時速22kmで泳ぎ、寿命は15年前後です。 1.5〜2m 45〜60kg 日本近海、北大西洋、北極海、北太平洋など 海岸や河口ちかく 魚、イカ

スジイルカ マイルカ科
ときに1000頭をこえる群れでくらし、乳離れした子どもだけの群れもつくります。 1.9〜2.6m 90〜150kg 日本近海、地中海、太平洋、大西洋 熱帯から温帯の海 イカ、オキアミ、魚

サラワクイルカ マイルカ科
数百〜数千頭の大群でくらし、水深250〜500mほどまでもぐります。 2.4m 100kg 日本近海、太平洋、大西洋、インド洋 熱帯、亜熱帯の海 魚、イカ、オキアミ

イロワケイルカ マイルカ科
体の色が白と黒の2色のため、この名前がつきました。もっとも小さなイルカのひとつです。 1.2〜1.5m 35〜65kg 南アメリカ南部沿岸、インド洋南部ケルゲレン諸島周辺 岸からちかい海 甲殻類、魚、イカ

大きさチェック

= 体長 = 体重 = 分布 = 生息環境 = おもな食べもの = 日本にいる動物 = 日本にいる外来種 = 絶滅危惧種

Dr.ヤマギワの なるほど！コラム

イルカには声があるの？

イルカは、クリック音、ホイッスル音、バーストパルス音の、3つの音声を発することができ、それぞれ役割がちがいます。なかでも、クリック音は、音で物体の位置や形を知る「エコーロケーション」という技に使います。自分が発した音が物体にあたり、はねかえってきた音の振動を感じることで、イルカは、にごった水のなかや、暗くて深い海のなかでも、物体の位置や形を知ることができるのです。

声の種類	クリック音	ホイッスル音	バーストパルス音
音	カチカチカチ	ピューピュー	ギャアギャア
おもな役割	エコーロケーション	会話など	感情表現など

メロン体
エコーロケーションをするための、頭にある脂肪質の器官です。同じ器官がクジラやシャチにもあります。

Dr.ヤマギワの なるほど！コラム

イルカは会話をしているの？

イルカが出す3つの音のうち、ホイッスル音は、個体によって特ちょうがあることがわかっています。このような音を、「シグニチャー・ホイッスル」といいます。群れのなかでだれが声を出しているのか、わかるようになっているので、なかまのなかでの会話に使われていると考えられています。

Q：水族館でよく飼育されているイルカは？　A：ハンドウイルカやカマイルカが多く飼われています。

ヒゲクジラのなかま❶

歯がなく、かわりに、上あごから「くじらひげ」が生え、プランクトンや小魚をこしとって食べます。大型で、多くが、食べものが豊富な冷たい海と、子育てに適したあたたかい海を行き来する回遊をおこないます。

クジラ偶蹄目

ザトウクジラ ナガスクジラ科 🇯🇵
胸びれが長く、体長の3分の1にもなります。泳ぎはおそいほうですが、ときどき水面からジャンプします。 14～15m 30t 日本近海、世界じゅうの海 寒帯から熱帯の海 プランクトン、魚

Dr.ヤマギワのなるほど！コラム

ザトウクジラの狩り ザトウクジラは、息をはいて泡をつくり、魚を囲いこんでとらえます。これを「バブルネット・フィーディング」とよびます。

①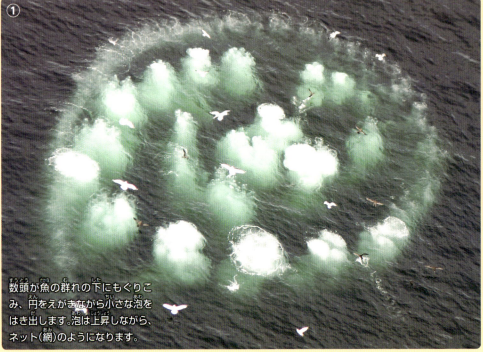

数頭が魚の群れの下にもぐりこみ、円をえがきながら小さな泡をはき出します。泡は上昇しながら、ネット（網）のようになります。

②

ほかの数頭が魚の群れをまとめ、さらにのこりの数頭が、鳴き声で、水面ちかくのネットのなかに群れを追いこみます。

154　=体長　=体重　=分布　=生息環境　=おもな食べもの　=日本にいる動物　=日本にいる外来種　=絶滅危惧種

見てみよう びっくり食べる術
DVD 豪快な食事を見てみよう

シロナガスクジラ ナガスクジラ科 🇯🇵 ◆
世界最大の動物です。単独かペアで、夏は亜寒帯でくらし、冬には温帯、亜熱帯の海で子育てをします。 25～27m、33m(最大) 190t 日本近海、世界じゅうの海 外洋 オキアミ、プランクトン、魚

ズームアップ！ クジラの食事法

ヒゲクジラのなかま
巨大な口で、オキアミなどの動物プランクトンや小魚などを海水とともに飲みこみます。ブラシのような「くじらひげ」を通して海水だけはき出し、食べものだけをこしとって食べます。

ハクジラのなかま
獲物をとらえるための歯が生えています。また、エコーロケーションとよばれる音を使った技で獲物との距離や大きさをはかり、とらえる方法もおこないます。

③ 最後に、クジラたちはいきおいよく海面に浮上し、巨大な口をあけて、魚の群れを飲みこむのです。

Q&A Q：シロナガスクジラは、どうして小さいオキアミを食べるの？　A：たくさん食べられるからです。一日で3～4tも食べます。

155

ヒゲクジラのなかま❷

クジラ偶蹄目

ナガスクジラ　ナガスクジラ科 🇯🇵 ◇
シロナガスクジラに次ぎ、2番目に大きなクジラで、泳ぎが速く、時速30km以上にたっします。寿命は80〜100年です。🏠 19〜27m ⚖ 70t 🌐 日本近海、世界じゅうの海 🌲 温帯から寒帯の海 🍚 オキアミ、プランクトン、魚、イカ

セミクジラ　セミクジラ科 🇯🇵 ◇
背びれがなく、背中がうつくしいから「背美くじら」という名前がついたという説があります。口が大きく「くじらひげ」の長さは3mにもなります。🏠 17m ⚖ 90t 🌐 日本近海、北太平洋 🌲 沿岸ちかく、子育ては外洋 🍚 プランクトン

イワシクジラ　ナガスクジラ科 🇯🇵 ◇
泳ぐのが速く、単独から数頭までの群れで活動します。2年に1回、子どもを産みます。🏠 12〜20m ⚖ 20t 🌐 日本近海、太平洋、大西洋、インド洋 🌲 熱帯と寒帯をのぞく外洋 🍚 プランクトン、魚

156　🏠=体長　⚖=体重　🌐=分布　🌲=生息環境　🍚=おもな食べもの　🇯🇵=日本にいる動物　🔵=日本にいる外来種　◇=絶滅危惧種

ホッキョククジラ セミクジラ科
一生を北極海の冷たい海ですごします。大きな頭の重さは、体重の3分の1をしめます。 14〜17m(オス)、16〜18m(メス) 75〜100t 北極海、ベーリング海、大西洋北部 北半球の冷たい海 プランクトン

ニタリクジラ ナガスクジラ科
イワシクジラに似ているため「ニタリ」と名づけられました。一年じゅう繁殖していると考えられています。 12m 12〜20t 日本近海、世界じゅうの海 温帯から亜熱帯の海 魚、オキアミ、プランクトン、イカ

シロナガスクジラ
(→155ページ)

大きさチェック
ヒト
ミンククジラ
ザトウクジラ
ニタリクジラ
コククジラ
ホッキョククジラ
イワシクジラ
セミクジラ
ナガスクジラ
シロナガスクジラ

コククジラ コククジラ科
水深100mより浅い海にくらし、海底の獲物を食べます。背びれがなく、かわりに、山なりの隆起がいくつかあります。 11〜13m(オス)、11〜14m(メス) 15〜33t 日本近海、太平洋北部 沿岸ちかく オキアミ、イカ、ゴカイ

ミンククジラ(コイワシクジラ) ナガスクジラ科
ヒゲクジラのなかでは小型で、胸びれに白い帯があります。1〜2年に1回、熱帯の海で子どもを産みます。 10m 6〜9t 日本近海、世界じゅうの海 冷たい海 魚、オキアミ、プランクトン、イカ

Q：シロナガスクジラは赤ちゃんも大きいの？　A：生まれてくる赤ちゃんでも、体重が2トンもあり、巨大です。

157

ツパイ目の動物

Dr. ヤマギワのポイント！
地上または樹上でくらす、リスに似た小型の動物で、はじめはモグラ目に、その後は、サル目に分類されていたが、現在では、ツパイ目として独立しているんだ。

ズームアップ！ お酒を飲むツパイのなかま

マレーシアの森にすむツパイは、ブルタムヤシのつぼみの蜜が大好きです。この蜜は発酵していて、お酒のようにアルコールが約3.8％もふくまれています。ふつうならば飲むと酔ってふらふらしますが、ふしぎなことにツパイは酔いません。体にアルコールを分解するしくみがあるのではと考えられています。

オオツパイ　ツパイ科
おもに地上で生活し、昆虫を食べています。ほかのツパイより鼻が長いのが特ちょうです。　22cm　200g　スマトラ島、ボルネオ島　森林　昆虫、果実、ミミズなど

ピグミーツパイ　ツパイ科
昼行性で、樹上でくらします。親指とほかの指がはなれた足とつめで、しっかり木をつかみ、長い尾でバランスをとり、行動します。　12.4cm　50〜70g　東南アジア　標高1000mまでの熱帯林　昆虫、果実、トカゲ

ハネオツパイ　ハネオツパイ科
ツパイのなかまでは唯一の夜行性で、樹上でくらします。長い尾の先に、毛の房がついています。　13〜14cm、16〜19cm（尾長）　40〜62g　東南アジア　森林　花の蜜、果実、昆虫

大きさチェック

コモンツパイ
ハネオツパイ

コモンツパイ　ツパイ科
昼行性で、地上と樹上でくらします。おもに単独で行動しますが、オスとメスのなわばりが、重なることがよくあります。　19.5cm、16.5cm（尾長）　140g　東南アジア　熱帯雨林　ミミズ、果実、葉、昆虫、トカゲなど

サル目の動物

Dr. ヤマギワのポイント！
サル目は、サルのなかまとヒトをふくむグループで、霊長類（霊長目）ともよばれる。高い知能をもち、森林での樹上生活に適した体をしているものが多いのが特ちょうだ。

樹上生活に適した体

ものをつかめる
5本の指をもち、親指がほかの4本と向き合っているので、木の枝を器用につかむことができます。

平づめがある
多くのサル目は、すべての指に平たいつめ（平づめ）をもっています。原猿類やマーモセットなど、平づめとかぎづめを両方もつものもいます。

立体的に見る
両目が前を向いていて、ものを立体的に見る能力にすぐれています。樹上を移動するときに、次の枝までの距離をより正確にはかることができます。

▼ボルネオオランウータンの子ども。

ズームアップ！ 骨にかこまれた目
サル目の動物の目は、眼球のまわりが骨にかこまれているので、ほかのほ乳類よりも目の動きが安定し、正確な距離をはかるのに役立ちます。

▲ピューマの頭がい骨　▲チンパンジーの頭がい骨

サル目の系統樹
ヒトにもっともちかいのは、チンパンジーで、およそ99％の遺伝子が同じであるという研究結果もあります。

真猿類：新世界ザル／旧世界ザル／類人猿
原猿類／メガネザル／新世界ザル／旧世界ザル／類人猿 → サル目の共通の祖先
テナガザル／オランウータン／ゴリラ／チンパンジー／ヒト → 類人猿の共通の祖先

● 原猿類と真猿類

サル目は、大きく原猿類と真猿類の2つのグループに分けられます。真猿類は、さらに新世界ザル、旧世界ザル、類人猿に分けられます。原猿類は曲鼻猿類、真猿類は直鼻猿類とよぶこともあります。

北限のサル
青森県の下北半島にすむニホンザルは、世界でもっとも北にすむサルとして知られています。

類人猿 アフリカ・東南アジア

新世界ザル 中央・南アメリカ

旧世界ザル アフリカ・アジア

原猿類 アフリカ(おもにマダガスカル)・東南アジア

サル目の分布
おもにアフリカやアジア、中央・南アメリカに生息し、ヨーロッパや北アメリカにはほとんど生息していません。

原猿類

キツネザルなどの一部をのぞき、ほとんどが夜行性です。嗅覚にすぐれ、おもににおいをたよりに行動します。

▲インドリ(マダガスカル島)　▲ワオキツネザル(マダガスカル島)

▲スローロリス(東南アジア)　▲ショウガラゴ(アフリカ)

● メガネザルのなかま
メガネザルは、かつては原猿類と考えられていましたが、近年の研究では真猿類にちかいことがわかりました。東南アジアにすみ、夜行性で、目が大きいのが特ちょうです。

真猿類

ヨザルをのぞき、ほとんどが昼行性です。おもに視覚をたよりに行動します。

〈新世界ザル〉
中央・南アメリカ(新世界)にすむサルです。2つの鼻のあなのあいだが広いので、広鼻猿類ともよばれます。オマキザルやクモザルなどのなかまがふくまれます。

◀ジェフロイクモザル　▶シルバーマーモセット　▲フサオマキザル

〈旧世界ザル〉
アフリカやアジア(旧世界)にすむサルです。2つの鼻のあなのあいだが狭いので、狭鼻猿類ともよばれます。すべてオナガザルのなかまです。

◀キンシコウ(アジア)　▶ロエストグエノン(アフリカ)　▲ゲラダヒヒ(アフリカ)

〈類人猿〉
アフリカや東南アジアにすみ、ヒトにちかく、知能が発達しています。うでを動かせる範囲が広く、ぶら下がり行動(ブラキエーション)が得意です。尾はありません。

● ヒトのなかま

◀チンパンジー(アフリカ)　▲ボルネオオランウータン(東南アジア)

● テナガザルのなかま

▶ボウシテナガザル(東南アジア)　▶ニシゴリラ(アフリカ)

※( )は生息域を示します。

Q: どうして曲鼻猿類、直鼻猿類というの？　**A**: 鼻の内部が、曲鼻猿類は曲がっていて、直鼻猿類はまっすぐだからです。

ガラゴ、ロリスのなかま

原始的なサルのなかま「原猿類」で、ややつき出した鼻と口、夜でも遠くが見える大きな目、小さな脳をもちます。夜行性で、おもに単独で活動します。

オオガラゴ　ガラゴ科

家族単位で、樹上でくらします。ときどき、地上におりると、歩くよりもジャンプで移動します。📏 30〜37cm、42〜47cm（尾長）⚖ 1〜2kg 🌍 アフリカ東部・南部 🌳 熱帯雨林 🍽 蜜、昆虫、果実

スローロリス　ロリス科 ◇

樹上でくらし、地上におりてくることは、めったにありません。ゆっくりとした動作で、目立たないように移動します。📏 30〜38cm ⚖ 〜2kg 🌍 東南アジア 🌳 熱帯雨林 🍽 昆虫、鳥、小動物、果実

ショウガラゴ（ブッシュベイビー）　ガラゴ科

あまり深い森林にはすみません。動きが敏しょうで、夜は、単独で食物をさがしますが、昼は家族単位で休みます。📏 15〜20cm、20〜25cm（尾長）⚖ 200〜300g 🌍 サハラ砂漠より南のアフリカ 🌳 サバンナの森 🍽 昆虫、鳥、果実、花

ジャンプするショウガラゴ

ショウガラゴは、前足が短いのにたいして、力強い後ろ足は長く、体長の10倍（2m）にたっする、すぐれたジャンプ力をもちます。

キツネザルのなかま

キツネザル科は、マダガスカル島にだけすむ原猿類で、顔つきや長い尾が、キツネに似た印象をあたえるので、この名がつきました。後ろ足の第2指が、かぎづめになっているのが、特ちょうです。

サル目

DVD 針山でのギリギリ生活

ワオキツネザル　キツネザル科

メスを中心に20頭くらいまでの群れでくらします。樹上で食事をしますが、遠くへ移動するときは、地上におります。38.5〜45.5cm、56〜62.4cm（尾長）　2.3〜3.5kg　マダガスカル島南部・南西部　森林　葉、花、果実、蜜、樹皮

DVD においでなわばり争い

テールウェービング

ワオキツネザルは、なわばりやメスを争うときに、手首から出るにおいをしっぽにこすりつけ、そのしっぽを振りながら威嚇することがあります。

Dr.ヤマギワの なるほど！コラム

朝の日光浴

ワオキツネザルは、体温調節が苦手で、冷えこんだ朝は、両手両足を広げて日光浴して体をあたためてから、活動をはじめます。

Dr.ヤマギワの なるほど！コラム

マダガスカル島

マダガスカル島は、中生代の終わりごろの大陸移動によって、アフリカ大陸から切りはなされてできた島です。その後、一度もほかの大陸と陸続きになったことがないため、独自の進化をとげ、この島にしかいない生きもの（固有種）がたくさんすんでいます。キツネザルのなかまもそのひとつで、すぐとなりのアフリカ大陸でさえ、キツネザルはいません。

◀マダガスカル固有種のひとつであるバオバブのなかま。

ハイイロジェントルキツネザル　キツネザル科 ◇

おもに竹林にすみ、タケを主食にします。昼行性で、オスを中心に、多くは数頭の群れで生活します。🍴 34cm、34cm（尾長） ⚖ 1kg 🌍 マダガスカル島 🌳 熱帯雨林 🍽 葉

クロキツネザル　キツネザル科 ◇

おもに樹上でくらし、昼間と夕暮れ、1頭のメスに率いられた5～15頭の群れで、活動します。
🍴 30～40cm ⚖ 2～2.5kg 🌍 マダガスカル島北西部 🌳 森林 🍽 果実、キノコ、種、花、昆虫など

チャイロキツネザル（ブラウンキツネザル）
キツネザル科

おもに樹上でくらします。昼行性の群れや、ときに昼夜を通して活動する群れがあります。🍴 40～50cm、50～55cm（尾長） ⚖ 2～4kg 🌍 マダガスカル島 🌳 森林 🍽 葉、花、果実、樹皮、昆虫など

クロシロエリマキキツネザル　キツネザル科 ◇

家族の群れでくらします。木の洞などにかんたんな巣をつくり、子どもをのこして食べものをさがしに出かけます。🍴 60cm、50cm（尾長） ⚖ 3.4～3.5kg 🌍 マダガスカル島 🌳 森林 🍽 果実、蜜、花、葉、種

イタチキツネザル　イタチキツネザル科

夜行性で、樹上でくらし、木から木へ、ジャンプして移動し、地上におりることはめったにありません。🍴 24～30cm、22～29cm（尾長） ⚖ 0.5～0.9kg 🌍 マダガスカル島東部・西部の沿岸部 🌳 森林 🍽 葉、果実、花、樹皮

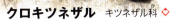

大きさチェック
ワオキツネザル
イタチキツネザル
クロシロエリマキキツネザル

ズームアップ！ キツネザルの骨格

四足歩行をするキツネザルは、初期の霊長類の基本的なすがたをとどめています。それは、長い背骨、小さな胸部、長い尾、腕と同じか、それより長い足などで、多くが樹上生活に役立つ特ちょうです。

 Q：キツネザルは、どうして顔がとがっているの？　A：においがよくわかるように鼻が発達しているからです。

メガネザルのなかま

メガネザル科は、とても大きな目が特ちょうで、樹上で、ものを立体的に見るのに適しています。

大きさチェック
ヒゲサキ
アカウアカリ
ニシメガネザル

サル目

フィリピンメガネザル
メガネザル科
夜行性で、単独か、小さな家族の群れでくらします。2mほどのジャンプで、枝から枝へ飛びうつります。 8〜16cm、25cm（尾長） 80〜165g フィリピン 熱帯雨林 昆虫、トカゲ、鳥など

DVD 大ジャンプを見てみよう

メガネザルのなかまは、とても長い後ろ足をもち、枝から枝へジャンプします。

ニシメガネザル　メガネザル科
夜行性で、首を180度回転させ、真後ろのものも見ることができます。体を立てた姿勢で、木の幹につかまってねむります。 8.5〜16.5cm、13.5〜27.5cm（尾長） 80〜160g 東南アジア 森林 昆虫、ミミズ、小動物など

Dr.ヤマギワの なるほど！コラム

メガネザルの目は光らない？

夜行性の動物の目は、たいてい「タペータム」という組織をもち、暗やみでもすくない光をふやすことで、ものが見えやすくなっています。ところが、メガネザルは夜行性にもかかわらず、タペータムがありません。これはメガネザルの祖先が昼行性でタペータムを失い、そのあと、夜行性になっても、タペータムをもつことはなく、かわりに目が大きく発達したのではないかと考えられています。

ネコの目。タペータムをもつ目は光りますが、メガネザルの目は光りません。

=体長　=体重　=分布　=生息環境　=おもな食べもの　=日本にいる動物　=日本にいる外来種　=絶滅危惧種

サキのなかま

長い毛で体がおおわれており、南アメリカのサルのなかでもっとも毛深いなかまです。尾も長い毛でおおわれているので、とても太く見えます。ジャンプ力があり、枝から枝へと軽々と飛びうつります。

アカウアカリ サキ科

はげた頭と、毛のない赤い顔が特ちょうで、病気にかかると、顔色は青白くなります。アマゾン川流域だけにすんでいます。36〜57cm、13.7〜18.5cm（尾長） 2〜3kg 南アメリカ北部 熱帯雨林 種、果実、葉、昆虫

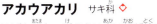

クロウアカリ サキ科

顔も体の毛も黒っぽいウアカリです。尾がとても短いのが特ちょうです。
36.5〜48.5cm 2.5〜3.7kg 南アメリカ北部 熱帯雨林 種、果実、昆虫、葉、花

ヒゲサキ サキ科

頭の上の左右に盛り上がった毛と、顔とほぼ同じ長さのあごひげをもち、アマゾン川より高い土地の原生林にすみます。32.7〜48cm、37〜46.3cm（尾長） 2.6〜3.2kg アマゾン川北部 熱帯雨林 種、果実、葉、昆虫

エリマキティティ サキ科

えりまきのように、白い毛が首に生えているのでこの名前がつきました。手も白く、手袋をしているように見えます。35cm、45cm（尾長） 1kg コロンビア南東部、ベネズエラ南部、ブラジル北西部 木々がまばらな林 果実、種、葉、昆虫

シロガオサキ サキ科

ペアか小さな家族の群れでくらします。四足歩行で移動し、木のぼりはゆっくりですが、ジャンプが得意です。30〜46cm、33〜44.5cm（尾長） 1.5〜2.1kg 南アメリカ東部 熱帯雨林、水場のちかく 種、果実、葉、虫など

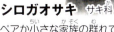

モンクサキ サキ科

頭の毛が、キリスト教の修道士（モンク）のかぶる帽子に似ているので、この名前がつきました。30〜50cm、25〜55cm（尾長） 1〜2kg 南アメリカ北部 熱帯雨林 果実、種、昆虫

Q：メガネザルの目は動かないって、ほんとう？　A：目が大きすぎるので動かすことができません。そのかわり首がよくまわります。

マーモセットのなかま

マーモセットのなかまは、中南米にすむ、進化をとげたサル、真猿類（→160ページ）のなかまで、体の色が、とてもカラフルです。虫を食べる生活に適応して、小型になったとされています。

ピグミーマーモセット　オマキザル科
真猿類でもっとも小さい種です。足の親指以外には、かぎづめがあり、これで太い木にしかみつき、樹脂や樹液を食べます。
11.7〜15.2cm、17.2〜22.9cm(尾長)　85〜140g　南アメリカのアマゾン川上流域　森林　樹液、昆虫、果実

コモンマーモセット　オマキザル科
昼行性で、4〜15頭の家族の群れでくらします。下あごの前歯で木の幹にあなをあけ、樹液や樹脂を食べます。
20cm、31cm(尾長)　300〜360g　ブラジル南東部　森林　蜜、昆虫、樹液、樹脂、果実、小動物など

ゲルディモンキー　オマキザル科
10頭くらいまでの群れで、くらします。歯やつめなどにオマキザルとマーモセット両方の特ちょうをもつかわったサルです。21〜23.4cm、25.5〜32.4cm(尾長)　390〜860g　アマゾン川上流域　熱帯雨林　昆虫、果実、小動物など

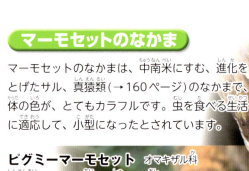

シルバーマーモセット　オマキザル科
十数頭ほどの家族のグループでくらし、年長の子どもがヘルパーとして、子育てを助けます。耳に毛が生えていないのが特ちょうです。22cm、29cm(尾長)　360g　ブラジル東部　熱帯雨林　蜜、果実、昆虫、葉

シロガオマーモセット　オマキザル科
10頭ほどの家族の群れでくらし、みんなで子育てをして、若いメンバーも、将来の自分の子育てにそなえます。20cm、29cm(尾長)　230〜350g　ブラジル南東部　開けた森林　果実、昆虫、蜜、花、小動物

ワタボウシタマリン オマキザル科
数頭から十数頭の群れで、樹上にすみ、オスも子育てをします。枝から枝へと、身軽に飛びまわり、高い鳴き声を出します。 21〜26cm、33〜40cm（尾長） 300〜450g 南アメリカ北部 森林 昆虫、果実、蜜

ゴールデンライオンタマリン オマキザル科
2〜8頭の家族の群れをつくり、地上から10〜30mくらいの樹上でくらします。 20〜36.6cm、31.5〜40cm（尾長） 650g ブラジル南東部 森林 昆虫、果実、樹液、小動物など

クチヒゲタマリン オマキザル科
群れの社会的な行動として、グルーミング（毛づくろい）がよく観察され、その多くは、大人のオスによっておこなわれます。 25〜35cm、30〜40cm（尾長） 300〜500g アマゾン川流域 熱帯雨林 果実、昆虫

エンペラータマリン オマキザル科
皇帝（エンペラー）のような長くてりっぱなくちひげが特ちょうです。くちひげはオスとメスの両方にあります。 23.4〜26.4cm、35.6〜42.2cm（尾長） 500g 南アメリカ中西部 熱帯雨林 果実、昆虫、蜜、花、小動物など

ブラックタマリン オマキザル科
数頭ほどの小さな群れで、樹上でくらします。木から木へとジャンプし、20m下の地上へ、飛びおりることもあります。手足が赤茶色なのでアカテタマリンともよばれます。 21〜25cm、31〜36cm（尾長） 350〜450g ブラジル 森林 果実、花、蜜、昆虫、トカゲなど

大きさチェック

ピグミーマーモセット
ゴールデンライオンタマリン
コモンマーモセット
エンペラータマリン

Q：ゴールデンライオンタマリンって、絶滅しそうなの？　A：ペットとして、たくさんつかまえたため、数がへってしまいました。

シロガオオマキザル
オマキザル科
顔だけではなく頭や肩が白いサルで、頭のてっぺんが茶色です。10頭～数十頭の群れでくらします。33～38cm、50cm(尾長) 3kg ベネズエラ、コロンビア、ブラジル北西部 熱帯雨林 果実、昆虫、葉など

コモンリスザル(リスザル)
オマキザル科
リスのように小さな体で、森林の木々を身軽にわたり、獲物をさがして動きまわります。20～200頭の群れで活動します。31.8cm、40.6cm(尾長) 0.93kg 南アメリカ 森林 果実、昆虫、種など

ズームアップ！ ヨザルの大きな目
ヨザルは、夜の暗やみのなかで、聴覚や触覚にたよることなく、ほとんど視覚だけにたよって活動します。だから、とても大きな目をもっています。タペータム(→168ページ)はありません。

ヨザル
ヨザル科
真猿類では唯一の夜行性のサルで、昼は木の洞などでねむっています。何種類もの大きな声を出します。24～47cm、22～42cm(尾長) 0.8kg 南アメリカ北部 熱帯雨林 果実、昆虫、葉、蜜、小動物

Q&A Q：介護ザルって、なに？ A：手足の不自由な人間の生活を手助けするサルで、とくにフサオマキザルがかつやくしています。

クモザルのなかま

木の上での生活にもっとも体が適応したサルです。尾が長く、枝をつかむなど、まるで手のように使います。尾の内側には毛が生えておらず、指紋のような尾紋があってすべり止めになっています。

クロクモザル クモザル科◇
おもに尾や前足で枝からぶら下がって移動しますが、太い枝の上では、二足歩行で進むことも、よくあります。 49〜62cm、64〜93cm（尾長） 5.5〜11kg 中央アメリカ〜南アメリカ北部 森林 果実、葉

DVD しっぽを使った軽わざ

ジェフロイクモザル
（アカクモザル、チュウベイクモザル）
クモザル科◇

ほかのクモザルにくらべ、四足歩行でよく樹上を移動します。数十頭までの群れが、小さな群れに分かれて、くらすこともあります。 30.5〜63cm、63.5〜84cm（尾長） 7.3kg 中央アメリカ〜南アメリカ北部 森林 果実、葉、花、種、昆虫、卵

フンボルトウーリーモンキー
クモザル科◇

おもに樹上でくらしますが、地上におりることもあります。20〜50頭の群れをつくり、群れどうしがまざることもあります。 55.8〜68.6cm、60〜72cm（尾長） 3〜10kg 南アメリカ北部 熱帯雨林 果実、葉、種、昆虫

=体長　=体重　=分布　=生息環境　=おもな食べもの　=日本にいる動物　=日本にいる外来種　◇=絶滅危惧種

Dr.ヤマギワの なるほど！コラム

ホエザルののどのしくみ
ホエザルのオスは、のどに、共鳴器としてはたらく大きな袋をもっているので、遠くまでとどく大きな声を出すことができます。

アカホエザル　クモザル科
ほえるような大きな声は、3kmほど先までとどき、ほかのサルに、自分の群れのなわばりをアピールします。 49～72cm（オス）、46～57cm（メス）、49～75cm（尾長） 4.5～6.5kg 南アメリカ北西部 亜熱帯の森林 葉、果実、花

ブラウンホエザル（カッショクホエザル）
クモザル科
一日のうち多くの時間を、木の高いところですごしています。大きな声は、ふたつの群れが出会ったときに出します。 45～59cm、48～67cm（尾長） 4～7kg 南アメリカ東部 熱帯雨林 葉、花、果実

クロホエザル　クモザル科
20頭くらいの群れをつくりますが、メンバーは、メスの数がオスの2倍以上になります。また、単独でくらすオスもいます。 51.8～67.1cm 4～10kg 南アメリカ中部 熱帯雨林 果実、葉、花

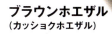

やさしいムリキ
ムリキは、ほとんど地上におりずに、高い木の上を移動してくらしています。木から木へとわたるときは、強いものが、弱いものを助けます。

マントホエザル　クモザル科
遠くから、いろいろに変化する大きな声を出すことにより、群れどうしが衝突する危険をさけます。 38～58cm、52～67cm（尾長） 6～7kg（オス）、4～5kg（メス） 中央アメリカ～南アメリカ北部 森林 葉、果実、花

ムリキ（ウーリークモザル）　クモザル科
中南米ではいちばん大きなサルで、複数のオスがいる、20頭をこえる群れをつくってくらします。 78cm 15kg（オス）、12kg（メス） ブラジル南東部 森林 果実、葉、花、種

大きさチェック
ジェフロイクモザル　ムリキ　ブラウンホエザル

Q&A Q：ホエザルは、どうして大きな声を出すの？　A：ホエザルがすむ森は見通しが悪いので、声による情報のやりとりが効果的なのです。

175

オナガザルのなかま❷

サルの温泉
ニホンザルの社会では、学習によって、新たな行動をとるようになり、それを群れ全体、さらには次の世代に伝える、という例が見られます。長野県の地獄谷にすむニホンザルは、温泉であたたまることを、おぼえました。

DVD 北限ギリギリの生活

ニホンザル　オナガザル科
世界でもっとも北にすむサルとして知られます。母系の群れをつくり、オスが群れにずっととどまることはありません。
57cm(オス)、52cm(メス)　11.3kg(オス)、8.4kg(メス)　日本　森林、山地　果実、種、葉、昆虫、樹皮など

イモ洗い
宮崎県の幸島では、イモを海水で洗って食べることをおぼえました。若いサルがはじめたもので、子や孫に受けつがれました。

▲オナガザルのオスは、マウンティング(馬のりの姿勢)をして、のっているほうの順位が高いことを確認します。

タイワンザル　オナガザル科
母系の群れで、樹上と地上でくらします。台湾からの外来種が野生化し、ニホンザルとの雑種がふえて問題になっています。
36〜45cm、26〜46cm(尾長)　5〜12kg　台湾　森林、竹林　果実、葉、種、小動物など

ズームアップ！ ニホンザルの生活

サルだんご
寒いときは、だんごのように体をよせ合って、たがいの体をあたためます。

ほお袋
ほお袋に食物をいったんためて、あとでゆっくり食べることができます。

ベニガオザル　オナガザル科
寒さに強く、山地の森林地帯で、50頭くらいまでの群れで移動しながらくらします。農地をあらすこともあります。
51.7〜65cm(オス)、48.5〜58.5cm(メス)、3.2〜6.9cm(尾長)　9.9〜10.2kg(オス)、7.5〜9.1kg(メス)　東南アジア　熱帯雨林　果実、種、葉、小動物など

=体長　=体重　=分布　=生息環境　=おもな食べもの　=日本にいる動物　=日本にいる外来種　=絶滅危惧種

アジルマンガベイ
オナガザル科
メスと子を中心に、40頭くらいまでの群れをつくります。森林では、群れどうしがちかづきすぎないよう、大きな声を発します。 44～63cm、40～76cm（尾長） 5.3～10.2kg アフリカ中部 川にちかい森 種、葉、果実

バーバリーマカク
オナガザル科
地上と樹上でくらし、雪のふる地域にもすんでいます。群れでは、オスがよく子どもの世話をします。 56～70cm 10～15kg アフリカ北西部 森林 根、花、果実、葉、種、樹皮など

クロザル
オナガザル科
全身が黒い毛におおわれ、頭の毛は逆立っています。地上と樹上で生活します。尾は1～2cmしかありません。 44～60cm、1～2cm（尾長） 3.6～10.4kg インドネシア 熱帯雨林 果実、花、昆虫、卵

シロエリマンガベイ
オナガザル科
おもに地上でくらし、ときには農地にもやってきます。10～40頭で、ゆるやかな順位のある群れをつくります。 42～67cm、46～76cm（尾長） 4～9kg アフリカ西部 森林 果実、種、葉、草、昆虫など

アカゲザル
オナガザル科
おもに山地の森林でくらしますが、町や村落にすみつくものもいて、さまざまな環境に適応しています。 45～64cm、19～32cm（尾長） 4～12kg アジア南部 草原、森林、山地 根、葉、果実、小動物など

ブタオザル
オナガザル科
短くて毛のすくない尾は、ブタの尾に似ています。ココナッツの実の収穫に利用するため、この動物を飼っている地域もあります。 50～56cm（オス）、47～56cm（メス）、13～25cm（尾長） 6.2～14.5kg（オス）、4.7～10.9kg（メス） 東南アジア 森林 果実、昆虫、種、葉など

見てみよう！ びっくり食べる術
DVD 石を使ってカニの殻をわる

カニクイザル
オナガザル科
50～60頭くらいまでの、順位がはっきりした群れをつくり、樹上と地上で生活します。名前のとおりカニをとって食べますが、食物の中心は果実や木の葉です。 40～47cm、50～60cm（尾長） 4.8～7kg（オス）、3～4kg（メス） 東南アジア マングローブ、水辺にちかい森林 果実、カニ、花、昆虫、葉など

シシオザル
オナガザル科
ふつう10～20頭の家族の群れで移動し、数多くの声のパターンと体の動きで、コミュニケーションをとります。 40～61cm、24～38cm（尾長） 5～10kg インド 標高1500mほどの森林 果実、葉、キノコ、昆虫、小動物など

大きさチェック

ニホンザル タイワンザル カニクイザル クロザル

Q&A Q：ニホンザルのおしりは、なぜ赤いの？　A：毛がなく、皮ふが透明で、血管がすけて見えるからです。

179

オナガザルのなかま❸

アヌビスヒヒ　オナガザル科
地上でくらすので、四足歩行に適した体をしています。歩くとき、尾を高く上げます。📏76cm（オス）、60cm（メス）、48〜60cm（尾長）⚖25kg（オス）、14kg（メス）🌍アフリカのサハラ砂漠より南🌳サバンナ、草原、森林🍽果実、蜜、昆虫、種、花、草、小動物など

マンドリル　オナガザル科 ◇
森林の奥深くで、用心深くくらしています。おもに地上で活動しますが、ねむるときには、木にのぼります。📏61〜76cm ⚖25〜54kg（オス）、11.5kg（メス）🌍アフリカ中西部🌳熱帯雨林🍽果実、種、根、昆虫、小動物など

▲マンドリルの顔はとてもあざやかで、興奮するとさらにあざやかになります。

マントヒヒ　オナガザル科
オスの肩のまわりには、長い毛がマントのように生えています。複雑な構造の群れで活動し、夜は切り立った岩場でねむります。📏61〜76cm、38〜61cm（尾長）⚖21.5kg（オス）、9.4kg（メス）🌍アフリカ東部🌳半砂漠、草原、サバンナ🍽果実、蜜、昆虫、種、小動物など

DVD すごい顔でコミュニケーション

ゲラダヒヒ　オナガザル科
胸とのどの毛のない部分に赤い皮ふが見えます。地上でくらし、夜は、ヒョウなどの敵をさけて、断崖にかたまって休みます。📏69〜74cm（オス）、50〜65cm（メス）、30〜50cm（尾長）⚖13〜21kg 🌍アフリカ東部🌳高原、岩場🍽草、葉、種、根など

シルバールトン　オナガザル科 ◇
10〜20頭の群れでくらし、森林の樹上を移動しながら食事をします。地上におりることはあまりありません。📏52〜56cm（オス）、47〜50cm（メス）、63〜84cm（尾長）⚖4.9〜8kg 🌍東南アジア🌳森林、竹林🍽葉、果実、種、花など

キイロヒヒ　オナガザル科
群れには、それぞれ複数の大人のオスとメスがいて、オスはやがて群れを移ります。📏51〜114cm、46〜71cm（尾長）⚖23kg（オス）、12kg（メス）🌍アフリカ東部🌳サバンナ、草原、森林🍽草、葉、種、果実、昆虫、小動物など

ハヌマンラングール　オナガザル科
森林や農地から町や村まで、さまざまな環境でくらしています。インドでは、神につかえるサルとして大切にされています。📏51〜78cm、72.5〜109cm（尾長）⚖7.5〜21kg 🌍インド東部🌳森林など🍽葉、花、果実、昆虫など

ドリル　オナガザル科 ◇
森林でくらし、すみかからはなれた開けた土地をきらいます。一日のほとんどの時間を地上ですごします。📏61〜76cm、5.2〜7.6cm（尾長）⚖25kg（オス）、11.5kg（メス）🌍アフリカ中西部🌳森林🍽果実、葉、昆虫

📏=体長　⚖=体重　🌍=分布　🌳=生息環境　🍽=おもな食べもの　🇯🇵=日本にいる動物　🔵=日本にいる外来種　◇=絶滅危惧種

テングザルのジャンプ
高い木をねぐらにするテングザルは、日の出とともに、木をゆすり、ジャンプして移動し、一日の活動をはじめます。

テングザル　オナガザル科
オスは、天狗のように長い鼻をもちます。敵に追われると、高さ15m以上の樹上からでも水に飛びこみ、潜水で逃げます。🐾 70cm（オス）、60cm（メス） ⚖ 16〜22kg（オス）、7〜12kg（メス） 🌏 ボルネオ島 🌳 マングローブ、沼地 🌸 果実、種、葉、昆虫など

アビシニアコロブス　オナガザル科
よく、樹上に座っています。胃がいくつかの部屋に分かれているため、大量の木の葉を食べることができます。🐾 45〜72cm、52〜100cm（尾長） ⚖ 5〜14kg 🌏 アフリカ中部 🌳 草原、森林 🌸 葉、果実、花

アカコロブス　オナガザル科
樹上でくらし、100頭くらいまでの群れをつくります。ほかのオナガザルのなかまと、いっしょの群れになることもあります。🐾 46〜75cm、41〜95cm（尾長） ⚖ 7〜12.5kg 🌏 西アフリカ北西部 🌳 森林、沼地 🌸 葉、花、果実

キンシコウ　オナガザル科
−5℃の気温にもたえる、寒さに強いサルです。山地の森林にすみ、冬は森のずっと奥深くへ移動します。🐾 57〜76cm、51〜72cm（尾長） ⚖ 9〜12kg 🌏 中国南東部 🌳 標高1600〜4000mの山林 🌸 葉、草、根、果実など

Dr.ヤマギワの　なるほど！コラム
複数の胃をもつコロブスのなかま
木の葉を主食とするコロブスのなかまは、ウシのようにいくつかの部屋に分かれた胃をもっています。胃のなかには葉を分解する細菌がいるので、消化しにくい木の葉でも栄養にすることができるようになっています。

キングコロブス　オナガザル科
大人のオス1〜3頭、メス数頭の小さな群れでくらし、メスどうしは、よくいっしょに、グルーミング（毛づくろい）をしながらすごします。🐾 45〜72cm、52〜100cm（尾長） ⚖ 5〜14kg 🌏 アフリカ西部 🌳 熱帯雨林 🌸 葉、果実、花、種など

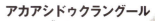

アカアシドゥクラングール　オナガザル科
メスを中心とした15頭ほどの群れでくらしています。とてもカラフルなサルで、足が赤茶色なのでこの名前がつきました。🐾 61〜76cm、56〜76cm（尾長） ⚖ 10.9kg（オス）、8.2kg（メス） 🌏 東南アジア 🌳 熱帯雨林 🌸 葉、果実、種、花

大きさチェック
ゲラダヒヒ　マンドリル　テングザル　キンシコウ

Q: テングザルの大きな鼻は、食事のじゃまにならないの？　**A**: なるようです。ときどき片手で鼻をおし上げ、食物を口に運んでいます。

オナガザルの くらし

オナガザルは、アフリカとアジアの広い範囲に生息しています。生息環境などによって、くらしかたもさまざまです。

子をぬすむ

サバンナにすむパタスモンキーのメスは、別のメスが産んだ子どもをうばうことがあります。環境の変化が激しいサバンナ生活に適応した結果と考えられています。

狩る

アヌビスヒヒは、雑食性が強く、果実や木の芽などの植物のほか、昆虫やトカゲなどの小動物や、すばやい動きのトムソンガゼルの子どもまでも、とらえて食べてしまいます。

聖なるサル

ハヌマンラングールは、外見がインド神話に登場するハヌマーン（神）を連想させるとして、インドで手厚く保護されています。

威嚇する

ゲラダヒヒは、1頭のオスと複数のメスからなる群れでくらします。群れのオスは、外からきたオスと、犬歯を見せて威嚇し合うことがあります。

テナガザルのなかま

テナガザル科は、ヒト科とともに類人猿とよばれ、樹上でくらします。うでが長く、「うでわたり」をおもな移動手段とします。尾はありません。オス、メスともに、歌うように鳴きます。

サル目

フーロックテナガザル テナガザル科 ◇
鳴き声は、オスは高低2音を、テンポを速めながら発し、メスは低い声を、オスと交互に発します。🏠 44〜64cm ⏲ 6〜7kg 🌐 インド東部、ミャンマー 🌲 熱帯雨林、低木林 🍰 果実、葉、昆虫、小動物など

▼フクロテナガザルは、ちかくの群れと鳴き声をかわすことによって、おたがいのなわばりを主張します。

ボウシテナガザル テナガザル科 ◇
オスは黒く、メスは白い色をしています。うでわたりでは、その長いうでで、10m以上はなれた木に飛びうつることができます。🏠 44〜63.5cm ⏲ 4〜8kg 🌐 東南アジア 🌲 熱帯雨林 🍰 果実、葉、花、昆虫

フクロテナガザル（シャマン） テナガザル科 ◇
テナガザルでいちばん大きく、のどの鳴き袋をいっぱいにふくらませて鳴く声は、4km先までとどきます。🏠 71〜90cm ⏲ 10〜12kg 🌐 東南アジア 🌲 熱帯雨林 🍰 葉、昆虫、卵

184 🏠=体長 ⏲=体重 🌐=分布 🌲=生息環境 🍰=おもな食べもの 🇯🇵=日本にいる動物 🔵=日本にいる外来種 ◇=絶滅危惧種

うでわたり

テナガザルは、手で枝にぶら下がり、体を振って、枝から枝へとわたる「うでわたり（ブラキエーション）」が得意です。

ズームアップ！ 地上30mでくらす

テナガザルは、一日のうち、ほとんどの時間を、木の上ですごします。活動の中心となるのは、地上30mほどの、枝や葉が茂ったところです。ここは、植物が太陽の光をいっぱい受けて、成長が活発なところです。ここでは、食べものとなる木の実もたくさんできます。

アジルテナガザル　テナガザル科

オスはまゆとほお、メスはまゆに白い毛が生えます。ペアは相手が死ぬまで、ずっといっしょに生活します。44〜64cm　5〜6kg　東南アジア　熱帯雨林　葉、果実、花、昆虫、鳥

大きさチェック
フクロテナガザル
シロテテナガザル
アジルテナガザル

樹上で休むシロテテナガザル
テナガザルは、枝がとても細くなっている樹上でくらすので、トラなどの大型の肉食動物におそわれることはありません。

シロテテナガザル
テナガザル科

ペアとその子からなる家族で、なわばりをもちます。木からおりてくることはほとんどなく、太い枝では、二足歩行もします。黒や茶色、クリーム色など、さまざまな色の個体がいます。45〜50cm　4.5〜6kg　東南アジア　熱帯雨林　果実、葉、花

 Q：テナガザルの高齢出産の最高記録は？　A：スウェーデンの動物園で、40歳の記録があります。人間でいえば、75歳くらいです。

ヒトのなかま①

ヒト科は、かつては、ヒト1種しか属していませんでしたが、現在は、オランウータン、ゴリラ、チンパンジーのなかまも、くわわりました。高い知能をもち、社会生活をいとなむグループです。

サル目

ボルネオオランウータン ヒト科

メスや若者は木の上でくらし、地上におりてくることはほとんどありません。子育て期間は6〜9年で、ヒトをのぞいた霊長類では最長です。 150cm 50〜90kg（オス）、30〜50kg（メス） ボルネオ島 熱帯雨林 果実、葉、樹皮、花、昆虫

大きさチェック

ボルネオオランウータン

熱帯雨林

熱帯雨林は、一年を通じて、平均気温20℃、雨量2000mmをこえる、高温多湿の森林です。一年じゅう葉を茂らせる広葉樹を中心に、いろいろな種類の木が生え、その高さは、50〜70mにたっします。地上でくらすものから、樹上でくらすものまで、ほ乳類だけでなく、は虫類や鳥や虫など、動物の種類も豊富で、「生物多様性の宝庫」ともいわれます。

=体長 =体重 =分布 =生息環境 =おもな食べもの =日本にいる動物 =日本にいる外来種 =絶滅危惧種

果実を食べる

オランウータンはあまい果実が大好きです。食べものが豊富な時期にたくさん食べて脂肪をたくわえます。

スマトラオランウータン

ヒト科

ボルネオオランウータンにくらべると、顔が細長く、体の毛が長くて、うすい色をしています。180cm（オス）、130cm（メス） 50〜90kg（オス）、30〜50kg（メス） スマトラ島北部 熱帯雨林 果実、葉、花、樹皮、昆虫

道具を使う

写真は、ボルネオオランウータンの親子です。オランウータンは、ときどき木の葉を傘がわりにしたり、葉にたまった水を飲んだりすることがあります。

Dr.ヤマギワの なるほど！コラム

フランジオスってなに？

顔の両脇に大きく張り出した部分をフランジといい、この部分が大きいオスを「フランジオス」といいます。フランジは、強いオスだけに発達し、弱いオスは大人になっても大きくなりません。また、フランジオスは、「ロングコール」とよばれる大きな声を出して、ほかのオスをよせつけないようにしたり、メスの気をひいたりします。

▶ロングコールをするフランジオス。

Q：オランウータンの名前に、意味はあるの？　A：マレー語で「森の人」という意味があります。

ヒトのなかま❷

サル目

チンパンジー ヒト科

地上で、二足歩行もしますが、四足歩行で長距離移動をすることもあります。夜は、枝を折って樹上につくったベッドでねむります。

📏 63.5〜92.5cm　⚖ 34〜70kg（オス）、26〜50kg（メス）　🌍 アフリカ中部　🌳 熱帯雨林、サバンナ　🍴 果実、葉、樹皮、昆虫、小動物など

群れのなかの激しい争い

チンパンジーの群れのなかには順位があり、順位をめぐって、激しく争うことがあります。群れでいちばん強くて順位の高いオス（アルファオス）が、なかまの反撃を受け、命を落とすこともあります。（写真）。

チンパンジーは、群れのメンバーどうしの関係をスムーズにたもつため、社会的な行動として、グルーミング（毛づくろい）をおこないます。

ベッドをつくる

チンパンジーやオランウータンは毎晩、木の上に新しいベッドをつくってねます。ゴリラは、地上にもベッドをつくります。

188　📏=体長　⚖=体重　🌍=分布　🌳=生息環境　🍴=おもな食べもの　🇯🇵=日本にいる動物　🔵=日本にいる外来種　◆=絶滅危惧種

Dr.ヤマギワの なるほど！コラム

シロアリ釣り
チンパンジーは、草の茎をさき、シロアリの塚のあなに差しこみ、シロアリが、それにかみついたところで、茎を引きぬき、釣ったシロアリを食べます。つまり、人間のように、道具を使う動物なのです。

チンパンジーの手
ものをつかめるので、棒や枝をつかんだり、石を投げたりすることができます。最近の研究では、親指にくらべてほかの指が、人間よりも長く進化していることがわかっています。これは、樹上生活に適応した結果と考えられています。

大きさチェック

チンパンジー

ボノボ（ピグミーチンパンジー）
ヒト科 ◇

チンパンジーより二足歩行が得意です。60〜120頭ほどの集団をつくり、日中は10頭以下の小さな群れに分かれて活動します。

📏 70〜83cm　⚖ 40〜45kg（オス）、30kg（メス）　🌍 コンゴ　🌳 熱帯雨林　🍎 果実、種、葉、昆虫、小動物など

石を使う
ボノボは、かたいアブラヤシの実を平たい石の上において、石でわって食べます。

平和をこのむボノボ
ボノボは、なかまどうしで争うことがほとんどなく、とても平和的な動物です。食べものを分け合う行動も観察されています。

Q&A — Q：チンパンジーは、どれくらい頭がいいの？　A：人間の3歳児くらいの知能があるという説もあります。

ヒトのなかま❸

大きさチェック

ヒガシゴリラ[マウンテンゴリラ、ヒガシローランドゴリラ] ヒト科
高地にマウンテンゴリラ、低地にヒガシローランドゴリラがすんでいます。おもに地上でくらし、体は大きくても、木にのぼることがあります。 185cm(オス)、150cm(メス) 70〜200kg アフリカ中部 山林 根、葉、枝、草、樹皮、昆虫など

ヒガシゴリラの体

耳 群れのメンバーは、さまざまな音声を使って、コミュニケーションをとります

目 ゴリラは、おたがいの顔を見つめて、コミュニケーションをはかります

手 ゴリラは、人間が教えるかんたんな手話をおぼえることができます

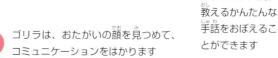

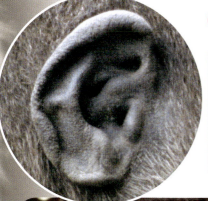

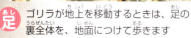

足 ゴリラが地上を移動するときは、足の裏全体を、地面につけて歩きます

口 大量の食物を食べ、巨大な体を維持していくためには、とても大きな歯が必要です

鼻 鼻のあなは、左右に広く張り出した高まりによって、ふちどられています

Q：マウンテンゴリラは、どれくらいの数が生きているの？　A：保全活動で少し増え、2018年に1000頭以上確認されました。

ヒトのなかま④

ニシゴリラ[ニシローランドゴリラ]　ヒト科

食物をさがして、毎日2kmほど歩きます。野生の生態はよくわかっていませんが、世界じゅうの動物園で、飼育されています。　175cm(オス)、125cm(メス)　180～275kg　アフリカ中部　熱帯雨林　葉、根、果実、樹皮

ズームアップ！ シルバーバック

大人のゴリラのオスは、シルバーバック（銀色の背中）とよばれ、群れのリーダーとして、重要な役割をはたします。

◀野生のセロリを食べるマウンテンゴリラ。

ゴリラの食事

ゴリラは、セロリなど水分を多くふくんだ草をよく食べますが、あまい果実も大好きです。

▲果実を食べるニシゴリラ。

ゴリラの群れ

ゴリラは、リーダーである1頭のシルバーバックと、複数のメス、その子どもたちからなる集団でくらします。シルバーバックと、それぞれのメスは、強くむすびついていますが、メスどうしのつながりは、それほどありません。子どもたちは、母親ともシルバーバックとも緊密な関係をたもち、子どもが母親を失うと、シルバーバックが世話をすることもあります。

見てみよう！ びっくり会話術
DVD ドラミングの音を聞いてみよう

ドラミング

神経質なゴリラは、敵や、見なれないものがちかづくと、両手で、激しく胸をたたいて、不快感をあらわします。

大きさチェック　ニシゴリラ

Q&A　Q：サルにも鼻毛はあるの？　A：鼻毛があるのは、類人猿とヒトだけです。

ウサギ目の動物

ウサギ目

Dr.ヤマギワのポイント！
全身がやわらかい毛でおおわれ、長い耳をもっている。後ろ足が大きく、地面をはねながら移動するんだ。ウサギ科は、大きくノウサギ類とアナウサギ類に分けられる。

ウサギのなかま（アナウサギ類）
アナウサギ類は、複雑なつくりの巣あなを地下にほり、群れでくらします。

アナウサギの巣
地中に、迷路のような巣あなをつくって生活します。出産や育児も、巣あなのなかでおこないます。

アナウサギ ウサギ科
地中にトンネルをほって集団生活をします。前足が短いのも特ちょうで、すべてのカイウサギの祖先です。 38〜50cm 1.5〜2.5kg
ヨーロッパ、アフリカ北西部（世界各地で野生化）　草原、森林、農地　草、葉、樹皮、根など

大きさチェック
アナウサギ
アマミノクロウサギ

モリウサギ ウサギ科
巣あなは、メスが育児のためだけにほり、あながくずれないように、内側に葉や毛をはりつけます。乳をやるときだけ、メスは巣をおとずれます。 38〜42cm、2cm(尾長) 0.7〜1kg　中央・南アメリカ　森林、草原　草、葉

ズームアップ！ しまもようのウサギ
インドネシアのスマトラ島には、体のしまもようと短い耳が特ちょうの、とてもめずらしいウサギがいます。夜行性で、昼は、ほかの動物がほった森林の地面のあなにかくれています。

スマトラウサギ ウサギ科◇
35〜40cm 0.6〜1kg　スマトラ島南西部
標高600〜1400mの森林
葉、草

194　=体長　=体重　=分布　=生息環境　=おもな食べもの　=日本にいる動物　=日本にいる外来種　◇=絶滅危惧種

ズームアップ！ 二重の前歯

ウサギ目の前歯は、前から見ると2本に見えますが、後ろに小さな前歯（切歯）がさらに2本生えていて、歯が二重になっています。そのため、ウサギ目を「重歯目」とよぶこともあります。

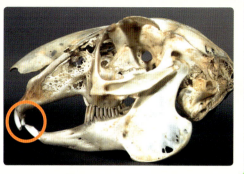

メキシコウサギ ウサギ科 ◇
メキシコのごくせまい地域にすんでいます。アマミノクロウサギと同じ原始的なウサギです。 23〜32cm 386〜602g
メキシコ 草原 草など

ヌマチウサギ ウサギ科
水辺にすんでいて、敵に追われると、水に飛びこんで逃げます。泳ぎが得意です。 45〜55cm 1.6〜2.7kg
アメリカ中南部 沼地、湿原 草、葉、枝、樹皮

見てみよう！びっくり隠れ術
DVD 子どもの巣あなをかくす

アマミノクロウサギ ウサギ科 🇯🇵 ◇ 特別天然記念物
原始的なウサギです。耳と後ろ足が短く、大きくはねることはしません。かんたんな巣あなをつくり、小さな群れでくらします。 43〜51cm 2〜3kg
奄美大島、徳之島 森林 草、葉、果実、根、種など

Dr.ヤマギワの なるほど！コラム

アマミノクロウサギの子育て

自分の巣あなとは別に、子育て用の巣あなをほり、1頭の子どもを産みます。1日か2日おきに巣あなに入り、乳をあたえます。親が巣あなから出るときは、ていねいに入り口を土でうめてかくします。子どもは約2か月で巣あなの外に出てきます。

Q：ウサギの耳は、なぜ長いの？ A：音をよく聞くためと、体温を調節するはたらきがあります。

195

ナキウサギのなかま

耳が丸く、かん高い声で、よく鳴きます。草原に巣あなをほってすむものもいますが、多くは、岩の多い山岳地帯にすみます。警戒心が強く、すがたを見ることがむずかしい動物です。

ロイルナキウサギ　ナキウサギ科
岩場で、岩のすき間を出入り口としてたくさん確保できる空洞を、巣にします。寿命は1～3年と考えられています。🏠15～20cm ⚖120～180g 🌍ヒマラヤ山脈 🌲岩場、タイガ 🍚草、葉、種

キタナキウサギ
ナキウサギ科 🇯🇵
岩のすき間にすみます。昼夜ともに活動し、単独かペアでなわばりをもちます。日本の北海道には、亜種のエゾナキウサギがいます。🏠13～19cm ⚖100～160g 🌍北海道、アジア北部・東北部 🌲山地、針葉樹林 🍚草、花、葉、種

DVD なわばり宣言を聞いてみよう
見てみよう！びっくり会話術

アメリカナキウサギ　ナキウサギ科
山岳地帯の岩場にオスとメスのつがいでくらしています。夏と冬で体の毛の色がかわります。🏠16～21cm ⚖120～175g 🌍北アメリカ西部 🌲岩場 🍚草、樹皮など

▲ナキウサギは、「チッチッ」というかん高い警戒音を、よく発します。

干し草づくり
夏の終わりから秋にかけて、ナキウサギは、大量の草をかり、日に干して、岩のすき間などに貯蔵します。冬は冬眠をせずに、この干し草を食べてすごします。（写真はアメリカナキウサギ）

大きさチェック
ユキウサギ
キタナキウサギ

Q：ナキウサギとネズミは似ているけどどこがちがうの？　A：ナキウサギの上あごの前歯は二重ですが、ネズミに二重の前歯はありません。　197

ネズミ目の動物

Dr. ヤマギワのポイント！

上下のあごに、たえずのびつづける、かじるための前歯をもち、げっ歯目ともよばれる。ほ乳類の全種の4割ほどをしめ、ツンドラから砂漠まで、あらゆる環境にくらしているんだ。

▶リスのなかまは、草や種などを食べることが多いですが、鳥のような小動物を食べるものもいます。

リスのなかま①

リス科は、毛のふさふさした尾が特ちょうで、比較的大きな目をもちます。オーストラリアと南極大陸をのぞく、すべての大陸に見られ、もっとも広く分布するほ乳類のひとつです。

ウッドチャック　リス科
リス科ではいちばん大きく、数個の出入り口のある巣あなを地中にほり、おもに単独でくらします。泳ぎも木のぼりもできます。📏41.5〜67.5cm ⚖3〜5kg 🌍北アメリカ北部 🌲森にちかい草地 🍽草、葉、種、花、昆虫など

シベリアマーモット（タルバガン）
リス科◇
草原にトンネルをほってくらし、冬には冬眠をします。冬眠前は脂肪をたくわえるので、かつては食肉用にこのまれました。📏50〜60cm ⚖6〜9.8kg 🌍北アジア南部 🌾ステップ 🍽草

ホッキョクジリス　リス科
1頭のオスと複数のメスの群れで、土がこおっていない浅い部分に20mにもなるトンネルをほってくらします。📏33〜50cm ⚖800g(オス)、700g(メス) 🌍北アメリカ北部、北東アジア 🌲ツンドラ、草原 🍽葉、根、草、花、種、小動物など

ズームアップ！　オグロプレーリードッグの巣あな

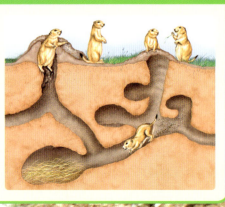

オグロプレーリードッグの巣あなには、トンネルでつながったいくつもの部屋があり、見張り部屋、子育て部屋、寝室など、それぞれ使い道が決まっています。出入り口の盛り土は、危険を察知するための見張り台です。

オグロプレーリードッグの家族

オグロプレーリードッグは、1頭のオスと数頭のメス、その子どもからなる家族でなわばりをもち、地面に巣あなをほってくらします。そして、この家族がたくさん集まって、数十万〜数百万頭の、町のような大集団となります。

DVD 見てみよう！戦え！アニマルズ　おしりのにおいをくらべる

📏=体長　⚖=体重　🌍=分布　🌲=生息環境　🍽=おもな食べもの　🇯🇵=日本にいる動物　🔵=日本にいる外来種　◇=絶滅危惧種

リスのなかま❷

ネズミ目

インドオオリス　リス科
樹上生活をするリスでは最大で、木から木へ、6m以上ジャンプします。警戒心が強く、ふだんは植物の陰にかくれています。📏25.4～45.7cm、25～46cm（尾長）⚖1.5～3kg 🌐インド 🌲熱帯林 🍎花、樹皮、昆虫、葉など

アメリカアカリス　リス科
樹上生活に適したするどいつめをもち、ジャンプ力もあります。冬にそなえ、地面を浅くほって、木の実などをたくわえます。📏28～35cm、9.5～15cm（尾長）⚖140～250g 🌐北アメリカ北部 🌲森林 🍎種、果実、樹皮、葉、小動物など

トウブハイイロリス　リス科
樹上でくらしますが、地上でもよく食事をします。カシの実が好物で、カシの木に、よく巣をつくります。📏23～27.5cm、15～25cm（尾長）⚖340～750g 🌐アメリカ東部 🌲森林 🍎果実、花、葉、種、小動物など

アーベルトリス　リス科
冬には長い毛の生える大きな耳が特ちょうです。昼行性で、2mをこえるジャンプで、木から木へ、さかんに飛びうつります。📏27.8～32.9cm、19.5～25.5cm（尾長）⚖700g 🌐アメリカ中西部、メキシコ 🌲針葉樹林 🍎樹皮、種、花、キノコ、小動物

ミケリス　リス科
黒、白、茶の3色の毛色なのでこの名がつきました。長い尾でなかまとコミュニケーションをとります。📏15.2～22.4cm、14.6～21.1cm（尾長）⚖160～260g 🌐東南アジア 🌲森林 🍎果実、花、葉、種、昆虫など

◀冬毛のニホンリス。

大きさチェック
キタリス / ミケリス / インドオオリス

ニホンリス　リス科
昼間行動します。木の実などを地面のあちこちにうめてたくわえる習性があります。冬眠はしません。日本固有種です。 16〜22cm、13〜17cm(尾長) 250〜310g 本州、四国 針葉樹林、落葉樹林 種、堅果、キノコ、果実、葉など

シマリス(シベリアシマリス)　リス科
おもに地上で活動し、地中に長さ2〜4mの巣あなをつくります。ほお袋に、たくさんの食物をつめこみ、巣へ運び、貯蔵します。亜種のエゾシマリスが北海道にすんでいます。 12〜17cm、6〜8cm(尾長) 50〜150g 北海道、アジア北部、ヨーロッパ東部 森林 種、キノコ、果実、昆虫、小動物など

キタリス[エゾリス]　リス科
樹上でくらし、日の出後の数時間、とくに活発に活動します。秋には、冬にそなえて大量の食物を、あちこちにたくわえます。日本の北海道には、亜種のエゾリスがいます。 25〜30cm、20〜23.5cm(尾長) 400〜710g 北海道、ユーラシア 森林 種、キノコ、果実、葉など

DVD なかまへの合図を聞いてみよう

クリハラリス[タイワンリス]　リス科
おもに樹上で活動しますが、地上でも食物をさがし、木の上に運んで食べます。木の上に、小枝などで丸い巣をつくります。日本には亜種のタイワンリスが放され、野生化しています。 20〜22cm 150〜500g 台湾、東南アジア、インド 温暖な森林 葉、果実、種、昆虫など

Q&A Q:リスが肉を食べることがあるの？　A:多くのリスは、鳥の卵や死んだ動物の肉を食べることがあります。

201

ヤマネのなかま

ヤマネ科は、とてもすばしこく、多くは樹上生活をしますが、地上で活動するものもいます。最大の特ちょうは、長期間にわたる冬眠をすることです。

ズームアップ！ ヤマネのなかまの冬眠

体内に脂肪をたくわえ、毛玉のように体を丸めて、冬眠をします。この間、体温や心拍数を下げて、エネルギーを節約します。

ヤマネ ヤマネ科

夜行性で、おもに樹上でくらします。地上1mより高いところの木の洞や枝のまたに、コケや、さいた樹皮などで、丸い巣をつくります。 4.9〜8.4cm、3.3〜5.4cm(尾長) 14〜40g 本州、四国、九州 森林 種、穀類、堅果、果実、昆虫など

花を食べるヤマネ

ヤマネの手足は、体の横から出ていて、木の幹をしっかりかかえることができ、指にはかぎづめがあります。ふさふさした太い尾は、バランスをとるのに役立ちます。こうした、樹上生活に適応した体で、ヤマネは、とても敏しょうに活動します。

ヨーロッパヤマネ ヤマネ科

地中や切り株に冬眠用の巣をつくり、数頭でいっしょに冬眠します。ロシアでは8月から翌年の5月までとても長い期間、冬眠をします。 11.5〜16.4cm(全長) 15〜30g ヨーロッパ 落葉樹林、農地 果実、堅果、種、昆虫など

アフリカヤマネ ヤマネ科

動作が敏しょうで、樹上では、枝の下側を走り、枝から枝へ、1m以上ジャンプします。尾は一部を失っても、再生します。 8.4〜11.7cm、7cm(尾長) 18〜30g アフリカ東部 森林、サバンナ、岩地など 種、葉、昆虫

メガネヤマネ ヤマネ科

いろいろな環境に適応でき、巣は、樹上にも地上にもつくります。リスや鳥の巣も利用します。 10〜17.5cm、9〜13.5cm(尾長) 45〜120g ヨーロッパ、アジア、アフリカ北部 森林、山地、砂漠など 昆虫、小動物、果実、種、堅果など

ヤマビーバーのなかま

ヤマビーバー科は、近年の研究でリスにちかいなかまであることがわかりました。名前は似ていますが、ビーバーとは別のなかまです。

大きさチェック

アフリカヤマネ
ヨーロッパヤマネ
ヤマネ

ヤマビーバー ヤマビーバー科

水辺にちかい、しめった森林に、直径10〜25cmの複雑なつくりのトンネルをほってくらします。 30〜47cm 1.1kg アメリカ西部 森林、山 草

 Q：ヤマネの寿命はどのくらい？　A：飼育では8年間生きた記録がありますが、天敵がいる野生では3年ほどだと考えられています。

203

テンジクネズミのなかま❶

多くが、中南米にくらすグループで、大きな頭、ずんぐりした体、細い足、短い尾をもちます。妊娠期間が長く、じゅうぶんに育った子を産むのも特ちょうです。

ネズミ目

ライオンもこわがる

ケープタテガミヤマアラシは、敵にあうと、とげを逆立てて、警告し、後ろ向きに突進します。とげがささると死ぬこともあるので、ライオンでさえ、うかつに手は出せません。

ズームアップ！ ヤマアラシのとげ

ヤマアラシのとげはアルミ缶をつらぬくほどかたく、敵などの皮ふにふれるとかんたんにぬけ落ちて、相手につきささります。ぬけ落ちたとげは、新しく生え変わります。

ケープタテガミヤマアラシ
ヤマアラシ科

完全な夜行性で、おなかをのぞいた全身は、毛が変化した長くするどいとげに、おおわれています。 📏71～84cm ⚖18～30kg 🌍アフリカ南部 🌳標高3500mまでの植物がゆたかな土地 🍚根、種、果実など

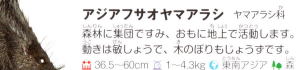

アジアフサオヤマアラシ ヤマアラシ科

森林に集団ですみ、おもに地上で活動します。動きは敏しょうで、木のぼりもじょうずです。
📏36.5～60cm ⚖1～4.3kg 🌍東南アジア 🌳森林 🍚樹皮、根、果実、昆虫、小動物など

大きさチェック

カナダヤマアラシ　ビスカーチャ
チンチラ　ハダカデバネズミ

マレーヤマアラシ ヤマアラシ科

名前にマレーがつきますが、マレー半島だけでなく、東南アジアの森林に広く分布します。顔や上半身には短いとげが生えています。目が光っているのはタペータムのためです。
📏45～56cm ⚖6～8kg 🌍東南アジア、インド 🌳森林 🍚葉、根、果実、小動物など

ズームアップ！ オマキヤマアラシの尾

オマキヤマアラシの、長さ30〜50cmほどの尾に、とげはありません。

カナダヤマアラシ　アメリカヤマアラシ科

樹上と地上でくらします。敵がちかづくと、後ろ向きになり、頭を前足のあいだにはさんで、とげで身を守ります。🌡60〜90cm ⚖5〜14kg 🌍北アメリカ 🌲ツンドラ、森林 🍱樹皮、葉、果実、種など

オマキヤマアラシ　アメリカヤマアラシ科

夜行性で、樹上でくらします。長い尾を枝に巻きつけて、木のぼりをします。🌡30〜60cm、30〜50cm（尾長）⚖0.9〜5kg 🌍南アメリカ 🌲森林 🍱葉、果実、花、根、樹皮

チンチラ　チンチラ科 ◇

100頭をこえる集団で、荒れ地の岩のわれ目や岩あなにすみます。おもに夜行性ですが、天気のいい日は、昼でも活動します。🌡22.5〜38cm、7.5〜15cm（尾長）⚖370〜490g（オス）、380〜450g（メス）🌍チリ北部 🌲高山 🍱草、種、昆虫、卵

ビスカーチャ　チンチラ科

地下にほった、複雑なつくりの共同の巣あなは、次の世代のコロニーへ受けつがれていきます。🌡47〜66cm、15〜20cm（尾長）⚖2〜8kg 🌍南アメリカ中部 🌲草原、砂漠 🍱種、草

ヤマビスカーチャ　チンチラ科

80頭くらいまでの集団で行動しますが、2〜5頭の家族に分かれ、岩のわれ目やすき間の巣あなにすんでいます。🌡30〜45cm、20〜40cm（尾長）⚖0.9〜1.6kg 🌍アンデス山脈 🌲岩場、草地 🍱草

ハダカデバネズミ　デバネズミ科

1頭のメスを中心に、数十頭の集団をつくり、地中の巣あなでくらします。体には毛がほとんど生えていません。🌡8〜9cm、3〜4cm（尾長）⚖30〜80g 🌍アフリカ東部 🌲サバンナ 🍱根

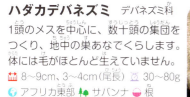

◀出産直前の女王。ハダカデバネズミの群れには階級があり、女王以外のメスは子どもを産みません。

デグー　デグー科

5〜10頭の小さな群れで、共同の巣あなをほってすみ、おもに地上で昼に活動します。同じ群れのメスは、いっしょに子育てをします。🌡32.5〜44cm（全長）⚖170〜300g 🌍チリ中西部 🌲山地、低木林 🍱葉、樹皮、根、種など

Q&A Q:ヤマアラシ科とアメリカヤマアラシ科はちかいなかまなの？　A:すがたが似ていますが、まったくちがうなかまだと考えられています。

テンジクネズミのなかま❷

マーラ テンジクネズミ科 ◇
ふだんはペアでくらし、繁殖期には大きな集団をつくり、共同の巣あなで子育てをします。時速45kmで1km以上走れます。
🏠 69〜75cm、4〜5cm(尾長) ⚖ 8〜16kg 🌍 アルゼンチン 🌲 草原、低木地 🌸 草、葉

ローランドパカ(パカ) パカ科
森林の水辺の地中に巣あなをほり、単独ですみます。泳ぎがうまく、危険を感じると、水中に逃げこみます。 🏠 62〜85cm ⚖ 4〜12kg 🌍 中央アメリカ〜南アメリカ北部 🌲 森林 🌸 葉、根、種、果実

ハイイロアグーチ アグーチ科
おもに夜行性で、地上で活動し、岩の下や木の根もとに巣あなをほって、単独でくらします。臆病な性質をしています。 🏠 41.5〜62cm、1〜3.5cm(尾長) ⚖ 1.3〜4kg 🌍 南アメリカ北部 🌲 森林、草原 🌸 果実、葉、草

モルモット テンジクネズミ科
5〜10頭の群れでくらし、自分でほったあなや、ほかの動物がすてたあなにすみます。3000年ほど前にはすでに家畜化されていました。 🏠 20〜40cm ⚖ 260〜330g 🌍 南アメリカ 🌲 草原、森林 🌸 葉、根、果実

ヌートリア ヌートリア科 ●
ふつうはペアでくらします。基本的には夜行性ですが、昼も活動します。後ろ足には水かきがあり、泳ぎが得意です。日本でも、南アメリカからの外来種が、繁殖しています。 🏠 47〜58cm、34〜41cm(尾長) ⚖ 5〜10kg 🌍 南アメリカ中部 🌲 沼、川の堤防 🌸 葉、根、樹皮

206 🏠=体長 ⚖=体重 🌍=分布 🌲=生息環境 🌸=おもな食べもの 🇯🇵=日本にいる動物 ●=日本にいる外来種 ◇=絶滅危惧種

トビウサギなどのなかま

トビウサギ科やトビネズミ科は、後ろ足が長く発達し、ジャンプに適した体つきをしています。ポケットマウス科もすがたは似ていますが、トビウサギなどとは別のなかまです。

大きさチェック

オオウロコオリス
サバクカンガルーネズミ
トビウサギ

オオミミトビネズミ
トビネズミ科
頭より長い耳をもち、後ろ足の指は5本です。房のある長い尾は、ジャンプのとき、バランスをとるのに役立ちます。 7〜9cm、15〜16.2cm（尾長） 24〜38g 中央アジア 砂漠、低木林 昆虫

ヒメミユビトビネズミ　トビネズミ科
砂漠が涼しくなる夜だけ活動します。単独でくらし、砂地に、左回りのらせん状の巣あなをほります。後ろ足の指は3本です。 9.5〜11cm、13〜25cm（尾長） 43〜73g アフリカ北部 砂漠、半砂漠 根、草、種、昆虫

サバクカンガルーネズミ　ポケットマウス科
砂地に、複雑な構造の巣あなをつくり、昼の暑さをしのぎます。食物にふくまれる水分だけで、生きていくことができます。 14.1cm（オス）、13.6cm（メス）、19.5〜20.1cm（尾長） 80〜140g 北アメリカ南西部 乾燥した低地 草、葉、種、堅果

トウブホリネズミ　ホリネズミ科
地中の根や石などの障害物は、大きな前歯で取りのぞき、土は前足でけずって、トンネルをほり進みます。 18.7〜35.7cm、5.1〜10.7cm（尾長） 300〜450g 北アメリカ 草原、森林 根、草

オルドカンガルーネズミ
ポケットマウス科
後ろ足でジャンプしながら移動します。ほお袋が発達し、巣の貯蔵庫へ、たくさんの食物を運びます。 20.8〜36.5cm（全長）、10.9〜12.7cm（尾長） 55〜96g 北アメリカ 草原、砂漠、農地 種、昆虫、堅果

ズームアップ！滑空するげっ歯目

ウロコオリスのなかまは、昼は木の洞で休み、夜になると木から木へ、100mにたっする滑空をします。尾のつけ根の裏側にうろこがあり、樹上ですべり止めになります。

オオウロコオリス　ウロコオリス科
 45cm、35cm（尾長） 1.3〜2kg アフリカ西部 熱帯雨林 葉、花、果実、昆虫など

ジャンプで逃げろ
トビウサギは、敵に追われると、ひと飛びで3〜4mのジャンプをすることができます。食物が不足するようなときは、ひと晩に10〜40km移動することもあります。

トビウサギ　トビウサギ科
夜行性です。巣あなのトンネルは、砂地の深さ80cmほどのところにほられ、2〜10個の出入り口をもちます。 35〜45cm、37〜48cm（尾長） 3〜4kg アフリカ東部・南部 砂漠、草原 種、果実、昆虫など

Q：どうしてツコツコという名前になったの？　**A**：鳴き声が「ツコツコ」と聞こえるからといわれています。

ビーバーのなかま

ビーバー科は、カピバラに次いで大きな、水中生活をするげっ歯類です。水辺に生える木をかじりたおし、水中に運びこんでダムをつくることで有名です。アメリカビーバーとヨーロッパビーバーの2種がいます。

大きさチェック
ヨーロッパビーバー

ネズミ目

ビーバーの池
ビーバーが川にダムを築くと、川の流れがせきとめられ、草原や森林に池ができます。池の中央付近には、ロッジ（小屋）とよばれるドーム型の巣がつくられます。

潜水するアメリカビーバー
ビーバーは、冬でも活動的で、池が氷におおわれても、水中を泳いで、食物をさがしまわります。

▼歯で木をかじりたおすアメリカビーバー。

ズームアップ！ 強い武器

ビーバーの歯とあごは、とても強く、直径8cmほどの木なら、5分もしないうちに、かじりたおすことができます。

尾は平たく、幅広く、うろこのような皮ふにおおわれています。危険がせまると、尾で水面をたたいて警戒音を出します。

210 =体長 =体重 =分布 =生息環境 =おもな食べもの =日本にいる動物 =日本にいる外来種 =絶滅危惧種

材料運び
ダムの材料である、かじりたおしたばかりの木を引っぱってゆくアメリカビーバー。

アメリカビーバー ビーバー科
大きな後ろ足には水かきがあり、尾をかじとりに使って、時速8kmくらいで、泳ぐことができます。 90〜117cm 13〜32kg 北アメリカ 森林、池、湖 葉、根、樹皮

DVD 水中の巣あなを見てみよう

ヨーロッパビーバー ビーバー科
10頭くらいまでの家族の群れでくらします。ダムは、家族で協力して修復するので、長期間、使用することができます。 73〜135cm 13〜35kg ヨーロッパ〜ロシア中部 森林、池、川 草、葉、根、樹皮、果実など

Dr.ヤマギワの なるほど！コラム

ビーバーの巣
巣は、ビーバーが運んできた木の枝や泥でできています。出入り口は水中にあるため、敵の侵入をふせぐことができます。また、ダムが水位を調節する役割をはたすため、巣の部屋に水は入りません。

Q&A　Q：ビーバーの巣は、何年くらい使われるの？　A：100年以上、使われた記録があります。

ネズミのなかま❶

南極大陸をのぞく全世界にすむ、ほ乳類で最大のグループです。すがたや体の構造、生活場所はさまざまで、人間社会に寄生するものをイエネズミ、そのほかのものをノネズミといいます。

スミスネズミ　キヌゲネズミ科
落ち葉が厚くつもった、しめった場所が好きです。明治時代、六甲山でこのネズミを発見したイギリス人の名前にちなんで名づけられました。 7～12cm、3～5cm（尾長）　20～35g　本州、四国、九州　森林、農地　草、葉、種、果実

タイリクヤチネズミ　キヌゲネズミ科
冬でも冬眠をせず、雪の下の地表面を活発に動きまわり、生活をしています。北海道には、亜種のエゾヤチネズミがいます。　11～14cm、3.9～5.5cm（尾長）　27～50g　北海道、ユーラシア北部　草原、森林　草、葉、根、種、昆虫

エゾヤチネズミ　亜種
ヤチネズミとは、「谷地にすむネズミ」のこと。ときに大発生して、植林地に被害をあたえますが、肉食動物の重要な食物にもなります。冬でも冬眠せず、雪の下にトンネルをほって、くらします。（写真はエゾヤチネズミの子ども）

オキナワトゲネズミ　ネズミ科
沖縄島の森にすむトゲネズミのなかまです。長いあいだすがたを見られず、絶滅したと考えられていましたが、2008年に再発見されました。　11～17.5cm　130g　沖縄島　森林　木の実、葉、昆虫など

ハタネズミ　キヌゲネズミ科
水場にちかい草地が好きです。複雑なつくりのトンネルをほり、巣、貯蔵庫、通路として集団でくらします。　9.5～14cm、3～5cm（尾長）　22～62g　本州、九州　森林、農地　草、葉、果実、種、根

カヤネズミ　ネズミ科
日本でいちばん小さなネズミです。ススキなどの草地で、地面から70～150cmの高さの茎のあいだに、葉で球形の巣をつくります。　5.5～7.5cm、5～7.5cm（尾長）　6g　日本、アジア北部、ヨーロッパ　草地　種、果実、昆虫、葉

カヤネズミの家
カヤネズミの巣は、外側があらくさいた葉で、内側はこまかくさいた葉でつくられていて、部屋のなかは、ふかふかと居心地よくできています。

ズームアップ！ ネズミの歯

げっ歯類の前歯は、一生を通してのびつづけます。しかし、かたいものをかんだり、上下の歯をかみ合わせることで、たえず、すりへらされます。同時に、やわらかい部分がすりへることで、かたい部分がとぎすまされ、つねにするどい歯をたもつことができるのです。

=体長　=体重　=分布　=生息環境　=おもな食べもの　=日本にいる動物　=日本にいる外来種　=絶滅危惧種

ハツカネズミ　ネズミ科 🇯🇵

農村の家畜小屋や食物の倉庫にすむことが多く、夏は野外ですごし、冬に家屋のなかに入ることもよくあります。 📅 6.5〜9.5cm、6〜10.5cm(尾長) ⚖️ 12〜30g 🌐 日本、世界じゅうの大陸 🌲 人家、農地、森林 🌱 種、根、葉、昆虫、小動物など

シマクサマウス　ネズミ科

背中のしまもようが特ちょうのネズミです。乾燥した草原にすんでいます。夜行性です。 📅 9〜10cm ⚖️ 35〜45g 🌐 モロッコ、セネガル、スーダンなど 🌲 草原 🌱 葉、種、根、昆虫

ドブネズミ　ネズミ科 🇯🇵

イエネズミではいちばん大きく、性質は獰猛です。夜行性で、泳ぎがうまく、壁や柱ものぼります。 📅 40cm ⚖️ 140〜500g 🌐 日本、世界じゅうの大陸 🌲 人家やその周辺 🌱 残飯、小動物など

Dr.ヤマギワの なるほど！コラム
人のすみかに適応したイエネズミ

イエネズミとよばれるクマネズミ、ドブネズミ、ハツカネズミの3種は、野生で人間の生活環境に適応し、寄生することに成功したほ乳類です。その結果、いまでは世界じゅうに生息しています。

アカネズミ　ネズミ科 🇯🇵

夜、活発に動きまわり、地表に落ちた食物を食べ、貯蔵もします。地下にトンネルをほり、その奥に部屋をつくります。 📅 8〜14cm、7〜13cm(尾長) ⚖️ 20〜60g 🌐 日本 🌲 森林、農地 🌱 根、葉、種、果実、昆虫

クマネズミ　ネズミ科 🇯🇵

家のなかにいるネズミですが、小笠原の島などでは野外でも見られます。鳥の卵や小動物もよく食べます。 📅 16〜22cm、19cm(尾長) ⚖️ 70〜300g 🌐 日本、世界じゅうの大陸 🌲 草原、林、人家 🌱 果実、種、葉、小動物、卵など

ケナガネズミ　ネズミ科 🇯🇵

背に、長さ6cmになるかたい毛が、まばらに生えています。夜、木の上をゆっくりと移動しながら、食事をします。 📅 22〜33cm、24〜37cm(尾長) ⚖️ 240〜350g 🌐 奄美諸島、沖縄県 🌲 森林 🌱 種、根、昆虫

ヒメネズミ　ネズミ科 🇯🇵

おもに地上で活動しますが、長い尾でバランスをとりながら木にもよくのぼります。秋には、冬にそなえて大量の食物を貯蔵します。 📅 6.5〜10cm、7〜11cm(尾長) ⚖️ 10〜20g 🌐 日本 🌲 森林、農地 🌱 種、葉、果実、昆虫

大きさチェック：タイリクヤチネズミ、ドブネズミ、ヒメネズミ、ハツカネズミ

Q：どうして、ハツカネズミという名前がついたの？　**A**：妊娠期間が20日くらいだからです。

213

インドオオアレチネズミ ネズミ科
いくつかの部屋がある大きな巣あなをほり、ひとつの巣あなにすむのは1頭ですが、ゆるやかなコロニーを形成します。 15〜17cm 100〜227g インド、スリランカ、パキスタン 砂地、草原 草、葉、根、昆虫など

シロアシマウス キヌゲネズミ科
足が白いのでこの名前がつきました。木にのぼったり、泳ぐのも得意です。 15〜20cm、6.5〜9.5cm(尾長) 23g 北アメリカ東部 森林、草原、沼地 種、葉、根、小動物

チュウゴクタケネズミ メクラネズミ科
タケの密林の地中に、前足の長いつめと大きな前歯でトンネルをほります。1頭で数本のトンネルをもっています。 28〜45cm 1.2〜3.8kg 東南アジア 森林 タケ、根

モリアカネズミ ネズミ科
とても活動的で、木のぼり、ジャンプ、泳ぎが得意です。いろいろな環境に適応して、何でも食べます。 6〜15cm、7〜15cm(尾長) 23g ヨーロッパ 草原、林 根、種、果実、昆虫など

ノルウェーレミング キヌゲネズミ科
夏に巣あなをほり、その下にトンネルをのばすことで、雪のなかを生きのびます。大発生することで有名です。 11〜15cm 60〜110g ヨーロッパ北部 ツンドラ、草原 果実、葉、草、根、樹皮

クビワレミング キヌゲネズミ科
夏はツンドラの乾燥した高地でくらし、冬は雪の多い低地に移動します。冬になると、全身がまっ白になります。 11〜18cm、1〜2cm(尾長) 30〜110g シベリア東部、アラスカ 岩場、草原 枝、葉、草、樹皮

▶子どもを運ぶ母親のクビワレミング。

Q&A Q:レミングが集団自殺をするって、ほんとう？ A:大発生と集団移動はしますが、自殺はしません。

さくいん

この図鑑に出てくる動物名や用語を五十音順で掲載しています。
くわしく紹介されているページを太字であらわしています。

ア

アードウルフ ……………………… 39,77
アーベルトリス …………………… 200
アイアイ …………………………… 167
アイアイ科 ………………………… 167
アイヌ犬→北海道犬 ……………… 87
アカアシドゥクラングール ……… 181
アカウアカリ ……………………… 169
アカオザル ………………………… 176
アカカンガルー …………………… 9,20
アカギツネ ………………………… 85
アカクモザル→ジェフロイクモザル 174
アカゲザル ………………………… 179
アカコロブス ……………………… 181
アカシカ …………………………… 127
アカネズミ ……………………… 101,213
アカハナグマ ……………………… 95
アカハネジネズミ ………………… 37
アカボウクジラ科 ……………… 146,147
アカホエザル ……………………… 175
アカワラルー ……………………… 20
秋田犬 ……………………………… 87
アグーチ科 ………………………… 206
アクシスジカ ……………………… 129
アゴヒゲアザラシ ………………… 102
アザラシ科 …………………… 102-105
アザラシのなかま …………… 102-105
アジアゴールデンキャット ……… 71
アジアスイギュウ ………………… 132
アジアゾウ ………………………… 31
アジアノロバ ……………………… 111
アジアフサオヤマアラシ ………… 204
アシカ科 ……………………… 106,107
アシカ、セイウチのなかま …… 106,107
アジルテナガザル ………………… 185
アジルマンガベイ ………………… 179
アズマモグラ ……………………… 45
アダックス ………………………… 135
アトラスグンディ ………………… 208
アナウサギ ………………………… 194
アナウサギ類 ……………………… 194
アヌビスヒヒ …………………… 180,183

アノア ……………………………… 132
アバヒ ……………………………… 166
アビシニアコロブス ……………… 181
アビシニアジャッカル …………… 80
アビシニアン ……………………… 73
アブラコウモリ ………………… 56,57,101
アフリカジャコウネコ …………… 76
アフリカスイギュウ ……………… 133
アフリカゾウ ……………… 7,12,28-30,32
アフリカトガリネズミ目 ………… 36
アフリカノロバ …………………… 111
アフリカマナティー ……………… 35
アフリカヤマネ …………………… 203
アマゾンカワイルカ ……………… 7,150
アマゾンカワイルカ科 …………… 150
アマゾンマナティー ……………… 35
アマミノクロウサギ ……………… 195
アミメキリン ……………………… 124
アムールトラ ……………………… 66,67
アメリカアカリス ………………… 200
アメリカアナグマ ………………… 99
アメリカグマ ……………………… 91
アメリカナキウサギ ……………… 197
アメリカバイソン ……………… 130,131
アメリカバク ……………………… 113
アメリカビーバー ……………… 210,211
アメリカマナティー ……………… 34
アメリカミンク …………………… 97
アメリカモモンガ ……………… 25, 202
アメリカヤマアラシ科 …………… 205
アメリカン・ショートヘア ……… 73
アライグマ ………………………… 95
アライグマ科 ……………………… 94,95
アライグマのなかま
　→レッサーパンダ、アライグマのなかま 94,95
アラコウモリ科 …………………… 51
アラスカヒグマ …………………… 90
アラブ ……………………………… 112
アリクイ科 ………………………… 38,39
アリクイのなかま ………………… 38,39
アルガリ …………………………… 139
アルジェリアハネジネズミ ……… 37
アルパカ …………………………… 117

アルプスアイベックス …………… 138
アルプスマーモット ……………… 199
アルマジロ科 ……………………… 42,43
アンゴラヤギ ……………………… 143

イ

イイズナ …………………………… 96
イエイヌ …………………………… 86
イエコウモリ→アブラコウモリ … 56
イエネコ …………………………… 73
イエネズミ ……………………… 212,213
異節類 ……………………………… 38
イタチ→ニホンイタチ …………… 96
イタチ科 …………………………… 96-99
イタチキツネザル ………………… 165
イタチキツネザル科 ……………… 165
イタチ、スカンクのなかま ……… 96-99
イチョウハクジラ ………………… 146
イッカク …………………………… 147
イッカク科 ………………………… 147
イヌ科 ……………………………… 78-85
イヌのなかま ……………………… 78-85
イヌの品種 ………………………… 86
イノシシ …………………………… 118
イノシシ科 ……………………… 118,119
イノシシ、ペッカリーのなかま… 118,119
イボイノシシ …………………… 118,119
イランド …………………………… 135
イリオモテヤマネコ ……………… 68
イルカ …………………………… 147-153
イロワケイルカ …………………… 152
イワシクジラ ……………………… 156
インドオオアレチネズミ ………… 215
インドオオリス …………………… 200
インドサイ ………………………… 114
インドゾウ→アジアゾウ ………… 31
インドマメジカ …………………… 121
インドリ ………………………… 161,166
インドリ科 ……………………… 166,167
インドリなどのなかま ………… 166,167
インパラ ………………………… 136,137

ウ

ウーリークモザル→ムリキ …………… 175
ウェッデルアザラシ ………………………… 103
ウェルシュ・コーギー・ペンブローク 86
ウォーターバック ………………………… 134
ウオクイコウモリ …………………………… 50
ウオクイコウモリ科 ………………………… 50
ウォンバット …………………………………… 23
ウォンバット科 ……………………………… 23
ウサギ科 ……………………………… 194-196
ウサギのなかま ……………………… 194-196
ウサギ目 ……………………………… 194-197
ウシ科 ………………………………… 130-141
ウシのなかま ………………………… 130-137
ウシ、ブタの品種 ………………………… 142
ウッドチャック …………………………… 198
うでわたり ………………………………… 185
ウマ科 ………………………………… 109-111
ウマヅラコウモリ …………………………… 55
ウマのなかま ………………………… 110,111
ウマの品種 ………………………………… 112
ウマ目 ………………………………… 108-115
ウロコオリス科 …………………………… 209
ウンピョウ …………………………………… 63

エ

エコーロケーション …………………… 50,153
エジプトルーセットオオコウモリ …… 55
エゾオオカミ ………………………………… 79
エゾシカ→ニホンジカ …………………… 129
エゾタヌキ→タヌキ ………………………… 83
エゾヒグマ …………………………………… 90
エゾヤチネズミ …………………………… 212
エゾリス→キタリス ……………………… 201
エラブオオコウモリ ………………………… 56
エリマキキツネザル ……………………… 169
エレガントワラビー ………………………… 21
エンペラータマリン ……………………… 171

オ

オウギハクジラ …………………………… 146
オオアシトガリネズミ ……………………… 47
オオアラコウモリ …………………………… 51
オオアリクイ ………………………………… 38
オオアルマジロ ……………………………… 42
オオウロコオリス ………………………… 209

オオガラゴ ………………………………… 162
オオカワウソ ………………………………… 98
オオカンガルー …………………………… 18,19
オオコウモリ科 ………………………… 54,55-57
オオコウモリのなかま ………………… 54,55
オオセンザンコウ ………………………… 7,58
オオツパイ ………………………………… 158
オオメジカ ………………………………… 121
オオミナミシタナガコウモリ ……………… 52
オオミミギツネ …………………………… 39,83
オオミミトビネズミ ……………………… 209
オオヤマネコ ………………………………… 70
オガサワラオオコウモリ …………………… 57
オカピ ……………………………………… 124
オガワコマッコウ ………………………… 147
オキナワトゲネズミ ……………………… 212
オグロジャックウサギ …………………… 196
オグロヌー ………………………………… 134
オグロプレーリードッグ …… 15,198,199
オグロワラビー ……………………………… 21
オコジョ ………………………………… 13,96
オジロジカ ………………………………… 127
オセロット …………………………………… 72
オタリア …………………………………… 107
オットセイ→キタオットセイ ………… 106
オナガザル科 ………………………… 176-183
オナガザルのなかま ………………… 176-183
オナガセンザンコウ ………………………… 59
オヒキコウモリ ……………………………… 57
オヒキコウモリ科 ………………………… 53,57
オポッサム科 ……………………………… 26
オポッサム目 ……………………………… 26
オマキザル科 ………………………… 170-173
オマキザルのなかま ………………… 172,173
オマキヤマアラシ ………………………… 205
オランウータン …… 10,160,161,186,187
オリックス ………………………………… 8,135
オルドカンガルーネズミ ………………… 209

カ

カイギュウ目 …………………………… 34,35
ガウル ……………………………………… 132
カエルクイコウモリ ………………………… 12
カオグロキノボリカンガルー ……………… 20
カグヤコウモリ ……………………………… 57
カグラコウモリ ……………………………… 56
カグラコウモリ科 …………………………… 56
カコミスル …………………………………… 95

カシミアヤギ ……………………………… 143
カズハゴンドウ …………………………… 151
カッショクハイエナ ………………………… 77
カッショクホエザル→ブラウンホエザル… 175
カナダカワウソ ……………………………… 98
カナダヤマアラシ ………………………… 205
カニクイアザラシ ………………………… 105
カニクイイヌ ………………………………… 81
カニクイザル ……………………………… 179
カバ ………………………………… 144,145
カバ科 ……………………………………… 144
カバのなかま …………………………… 144,145
カピバラ …………………………………… 208
カマイルカ ………………………………… 152
カモノハシ ……………………………… 16,17
カモノハシ科 ……………………………… 16
カモノハシ目 …………………………… 16,17
カヤネズミ ………………………………… 212
カラカル ……………………………………… 72
ガラゴ科 …………………………………… 162
ガラゴ、ロリスのなかま ……… 162-163
カラハリ砂漠 ………………………………… 74
カリブー→トナカイ ……………………… 128
カリフォルニアアシカ …………………… 106
カワイノシシ ……………………………… 118
カワゴンドウ ……………………………… 151
カワネズミ …………………………………… 46
カンガルー科 …………………………… 19,20
カンガルーのなかま …………………… 18-21
カンガルー目 …………………………… 18-25
カンジキウサギ …………………………… 196

キ

キアシアンテキヌス ………………………… 27
キイロヒヒ ………………………………… 180
キイロマングース …………………………… 75
キクガシラコウモリ科 ……………………… 51
木曽馬 ……………………………………… 112
キタオットセイ …………………………… 106
キタオポッサム ……………………………… 26
キタキツネ→アカギツネ ………………… 85
キタコアリクイ …………………………… 25,39
キタゾウアザラシ ………………………… 104
キタナキウサギ …………………………… 197
キタリス …………………………………… 201
キットギツネ ………………………………… 84
キツネザル科 …………………………… 164,165
キツネザルのなかま …………………… 164,165

217

キヌゲネズミ科 ………… 212,214,215
キノボリセンザンコウ …………… 58
キバノロ ………………………… 129
キボシイワハイラックス ………… 33
キャン→チベットノロバ ………… 111
キューバソレノドン ……………… 48
キョン …………………………… 129
キリン ……………………… 122-125
キリン科 …………………… 123,124
キリンのなかま …………… 122-125
キンカジュー …………………… 95
キングコロブス ………………… 181
キングチーター ………………… 63
キンシコウ ………………… 161,181
キンモグラ科 …………………… 37

ク

クアッガ ………………………… 111
グアナコ ………………………… 117
クーズー ………………………… 136
クーラン→アジアノロバ ………… 111
クジラ ……………………… 154-157
クジラ偶蹄目 ……………… 116-157
クスクス科 ……………………… 24
クズリ …………………………… 97
クチジロペッカリー ……………… 119
クチヒゲタマリン ………………… 171
クビワオオコウモリ ……………… 54
クビワペッカリー ………………… 119
クビワレミング ………………… 215
クマ科 …………………………… 89-93
クマネズミ ……………………… 213
クマのなかま …………………… 89-93
クモザル科 ………………… 174,175
クモザルのなかま ……………… 174
クラウングエノン ………………… 176
クラカケアザラシ ………………… 102
グラントガゼル …………………… 136
グリズリー→ハイイログマ …… 11,90
グリソン ………………………… 97
クリップスプリンガー …………… 137
クリハラリス ……………………… 201
グレート・ピレニーズ …………… 86
グレービーシマウマ …………… 111
クロアカコウモリ ………………… 56
クロアシイタチ …………………… 96
クロアシカコミスル ……………… 94
クロアシネコ ……………………… 71

クロウアカリ ……………………… 169
クロオオアブラコウモリ ………… 56
クロキツネザル ………………… 165
クロクモザル …………………… 174
黒毛和種 ………………………… 142
クロサイ ………………………… 114
クロザル ………………………… 179
クロシロエリマキキツネザル …… 165
クロテン ………………………… 97
クロハラハムスター …………… 214
クロヒョウ→ヒョウ ……………… 63
クロホエザル …………………… 175
グンディ科 ……………………… 208

ケ

ケープキンモグラ ………………… 37
ケープタテガミヤマアラシ …… 7,204
ケープハイラックス ……………… 33
ケナガネズミ …………………… 213
ケナガワラルー …………………… 20
ゲムズボック→オリックス ……… 135
ゲラダヒヒ ………………… 161,180,183
ケラマジカ→ニホンジカ ………… 129
ゲルディモンキー ……………… 170
原猿類 …………… 160,161,162,164

コ

コアラ …………………………… 22,23
コアラ科 ………………………… 22
コアラなどのなかま …………… 22-25
コイヌガオフルーツコウモリ …… 55
コイワシクジラ→ミンククジラ … 157
コウベモグラ …………………… 44
コウモリ目 ……………………… 50-57
ゴールデンライオンタマリン …… 171
ゴールデン・レトリーバー ……… 86
小型コウモリのなかま …………… 50
コキクガシラコウモリ ………… 51, 57
コククジラ ……………………… 157
コククジラ科 …………………… 157
ココノオビアルマジロ ………… 13,43
コシキハネジネズミ ……………… 37
コツメカワウソ …………………… 98
コディアックヒグマ→アラスカヒグマ … 90
コビトイノシシ ………………… 118
コビトカバ ……………………… 144
コビトキツネザル科 …………… 167

コビトハツカネズミ …………… 214
コビトマングース ……………… 75
コブハクジラ …………………… 147
ゴマフアザラシ ………………… 102
コモンツパイ …………………… 158
コモンマーモセット …………… 170
コモンリスザル ………………… 173
コヨーテ ………………………… 80
コリー …………………………… 86
コリデール ……………………… 143
ゴリラ ……………………… 161,190-193

サ

サーバル ………………………… 72
サイ科 ……………………… 114,115
サイガ …………………………… 139
サイのなかま ……………… 114,115
サオラ …………………………… 138
サカマタ→シャチ ……………… 149
サキ科 …………………………… 169
サキのなかま …………………… 169
ザトウクジラ ……………… 154,155
サバクカンガルーネズミ ……… 209
サバクキンモグラ ……………… 25,37
サバンナ ………………………… 30
サバンナシマウマ ………… 11,108-110
サバンナセンザンコウ …………… 58
サバンナモンキー ……………… 176
サビイロネコ …………………… 69
サフォーク ……………………… 143
サラブレッド …………………… 112
サラワクイルカ ………………… 152
サル目 ……………………… 160-193
サンバー ………………………… 129

シ

シーズー ………………………… 87
シーロー→スマトラカモシカ …… 140
ジェフロイクモザル ……… 161,174
ジェレヌク ……………………… 137
シカ科 ……………………… 127-129
シカのなかま ……………… 128,129
四国犬 …………………………… 87
シシオザル ……………………… 179
シタナガフルーツコウモリ ……… 55
ジネズミ ………………………… 46
柴犬 ……………………………… 87

シバヤギ ……………………… 143
シフゾウ ……………………… 128
シベリアオオカミ ……………… 79
シベリアシマリス→シマリス ……… 201
シベリアジャコウジカ …………… 121
シベリアトラ→アムールトラ ……… 66
シベリアマーモット ……………… 198
シマウマ …………………… 108-111
シマオイワワラビー ……………… 21
シマクサマウス ………………… 213
シマスカンク …………………… 98
シマテンレック ………………… 37
シマハイエナ …………………… 77
シママングース ………………… 75
シマリス ……………………… 201
ジムヌラ ……………………… 48
ジャージー …………………… 142
ジャーマン・シェパード・ドッグ … 87
ジャイアントパンダ ……………… 93
ジャガー …………………… 63,64
ジャガランディ ………………… 72
ジャコウウシ ………………… 7,141
ジャコウジカ科 ……………… 120,121
ジャコウジカのなかま
　→マメジカ、ジャコウジカのなかま 120,121
ジャコウネコ科 ………………… 76
ジャコウネコなどのなかま ……… 76
ジャコウネズミ ………………… 47
シャチ ……………………… 148,149
シャマン→フクロテナガザル …… 184
シャム ………………………… 73
シャモア ……………………… 138
ジャワサイ …………………… 114
ジャワマメジカ ………………… 121
ジャングルキャット ……………… 71
ジュウサンセンジリス …………… 199
収れん進化 …………………… 25
ジュゴン ……………………… 35
ジュゴン科 …………………… 35
シュナウザー …………………… 86
ショウガラゴ ……………… 161,162,163
シルバーバック ……………… 192,193
シルバーマーモセット ………… 161,170
シルバールトン ………………… 180
シロアシマウス ………………… 215
シロイルカ …………………… 147
シロイワヤギ …………………… 138
シロエリマンガベイ …………… 179
シロガオオマキザル …………… 173

シロガオサキ ………………… 169
シロガオマーモセット …………… 170
シロクマ→ホッキョクグマ ……… 92
シロサイ ……………………… 115
シロテテナガザル ……………… 185
シロナガスクジラ …………… 155-157
シロハラジネズミ ……………… 47
シロヘラコウモリ ……………… 52
シロミミオポッサム …………… 26
真猿類 ……………… 160,161,170,176
シンリンオオカミ ……………… 79

ス

スイロク→サンバー …………… 129
スカンク科 …………………… 98
ズキンアザラシ ……………… 105
スコティッシュ・フォールド …… 73
スジイルカ …………………… 152
スジオイヌ …………………… 81
ステラーカイギュウ …………… 35
スナイロワラビー ……………… 21
スナドリネコ …………………… 69
スナネコ ……………………… 71
スナネズミ …………………… 214
スプリングボック ……………… 136
スペインオオヤマネコ ………… 70
スマトラウサギ ………………… 194
スマトラオランウータン ……… 187
スマトラカモシカ ……………… 140
スマトラサイ …………………… 114
スマトラトラ …………………… 67
スミスネズミ …………………… 212
スレンダーロリス ……………… 163
スローロリス ……………… 161,162

セ

セイウチ …………………… 103,106
セイウチ科 …………………… 106
セイウチのなかま
　→アシカ、セイウチのなかま… 106,107
セーブルアンテロープ ………… 136
セグロジャッカル ……………… 81
セスジキノボリカンガルー ……… 20
ゼニガタアザラシ ……………… 103
セミクジラ …………………… 156
セミクジラ科 ……………… 156,157
センザンコウ科 ………………… 58,59

センザンコウ目 ……………… 58,59
セント・バーナード …………… 87

ソ

ゾウ科 ……………………… 29,31
ゾウのなかま ………………… 30-32
ゾウ目 ……………………… 28-32
ソマリノロバ→アフリカノロバ …… 111
ゾリラ ………………………… 97
ソレノドン科 …………………… 49

タ

ターキン ……………………… 141
ダイアナモンキー ……………… 177
ダイトウオオコウモリ …………… 56
大ヨークシャー→ヨークシャー … 142
タイリクオオカミ ……………… 7,78,79
タイリクモモンガ ……………… 202
タイリクヤチネズミ …………… 212
タイワンキョン→キョン ………… 129
タイワンザル …………………… 178
タイワンリス→クリハラリス …… 201
タケネズミ科 …………………… 215
タスマニアデビル ……………… 27
ダックスフント ………………… 87
タテガミオオカミ ……………… 80
タテガミナマケモノ …………… 41
タテゴトアザラシ ……………… 6,103
タヌキ ………………………… 83
ダマガゼル …………………… 137
タルバガン→シベリアマーモット … 198
単孔類 ……………………… 6,16

チ

チーター …………………… 63,65
チチブコウモリ ………………… 57
チチュウカイモンクアザラシ ……… 105
チベットノロバ ………………… 111
チャイロキツネザル …………… 165
チャイロコミミバンディクート …… 27
チュウゴクタケネズミ …………… 215
チュウベイクモザル→ジェフロイクモザル … 174
チワワ ………………………… 86
チンチラ ……………………… 205
チンチラ科 …………………… 205
チンパンジー ……… 160,161,188,189

219

ツ

ツキノワグマ ·················· 91,101
ツコツコ科 ····················· 208
ツシマテン→テン ················ 97
ツシマヤマネコ ·················· 68
ツチブタ ····················· 33,39
ツチブタ科 ······················ 33
ツチブタ目 ······················ 33
ツパイ科 ······················· 158
ツパイ目 ······················· 158
ツンドラ ······················· 126

テ

ディンゴ ························· 81
デグー ························· 205
デグー科 ······················· 205
テナガザル科 ················· 184,185
テナガザルのなかま ············ 184,185
デバネズミ科 ···················· 205
デマレフチア ···················· 207
テン ··························· 97
テングコウモリ ·················· 56
テングザル ····················· 181
テンジクネズミ科 ················· 206
テンジクネズミのなかま ········ 204-208
テントコウモリ ·················· 53
テンレック ······················ 36
テンレック科 ··················· 36,37

ト

トウキョウトガリネズミ ············ 46
トウブハイイロリス ··············· 200
トウブホリネズミ ················· 209
トウブマダラスカンク ·············· 98
ドール ························· 83
トガリネズミ科 ················· 46,47
トガリネズミのなかま ············ 46,47
トガリネズミ目 ················· 44-47
道産子→北海道和種 ·············· 112
トド ·························· 106
トナカイ ······················· 128
トビイロホオヒゲコウモリ ··········· 50
トビウサギ ····················· 209
トビウサギ科 ···················· 209
トビウサギなどのなかま ············ 209
トビネズミ科 ···················· 209

ドブネズミ ····················· 213
トムソンガゼル ·················· 137
トラ ························· 66,67
ドリル ························· 180

ナ

ナガスクジラ ···················· 156
ナガスクジラ科 ··············· 154-157
ナキウサギ科 ···················· 197
ナキウサギのなかま ··············· 197
ナマケグマ ······················ 91
ナマケモノのなかま ·············· 40,41
ナミチスイコウモリ ················ 51
ナミハリネズミ ··················· 49

ニ

ニアラ ························· 135
ニシキノボリハイラックス ··········· 33
ニシゴリラ ·················· 161,193
ニシメガネザル ·················· 168
ニシローランドゴリラ→ニシゴリラ 193
ニタリクジラ ···················· 157
日本にいるコウモリ ·············· 56,57
ニホンアナグマ ················ 99,100
ニホンイタチ ·················· 96,100
ニホンイノシシ→イノシシ ······ 100,118
ニホンウサギコウモリ ·············· 57
ニホンオオカミ ··················· 79
ニホンカモシカ ·················· 140
ニホンカワウソ ··················· 98
ニホンザル ·············· 100,161,178
日本ザーネン ··················· 143
ニホンジカ ····················· 129
ニホンノウサギ ·················· 196
ニホンモモンガ ·················· 202
ニホンリス ·················· 100, 201
ニュージーランドアシカ ··········· 106
ニルガイ ······················· 134

ヌ

ヌートリア ·················· 206,207
ヌートリア科 ···················· 206
ヌマチウサギ ···················· 195

ネ

ネコ科 ························ 61-72
ネコのなかま ··················· 63-72
ネコの品種 ······················ 73
ネコ目 ························ 60-107
ネズミイルカ ···················· 152
ネズミイルカ科 ·················· 152
ネズミ科 ···················· 212-215
ネズミカンガルー科 ················ 21
ネズミのなかま ··············· 212-215
ネズミ目 ···················· 198-215
熱帯雨林 ······················· 186

ノ

ノウサギ類 ····················· 196
ノドジロオマキザル ··············· 172
ノドジロミユビナマケモノ ··········· 40
ノドチャミユビナマケモノ ··········· 40
ノネズミ ······················· 212
ノヤギ→パサン ·················· 140
ノルウェーレミング ··············· 215
ノロ ·························· 128
ノロジカ→ノロ ·················· 128

ハ

ハーテビースト ·················· 135
バーバリーシープ ················ 138
バーバリーマカク ················ 179
パームシベット ··················· 76
バーラル→ブルーシープ ··········· 139
ハイイロアグーチ ················ 206
トウブハイイロリス→タイリクオオカミ 7,78,79
ハイイロオオカミ→タイリクオオカミ 7,78,79
ハイイロカンガルー→オオカンガルー 19
ハイイロギツネ ··················· 84
ハイイログマ ·················· 11,90
ハイイロジェントルキツネザル ······· 165
ハイイロリングテイル ·············· 24
ハイエナ科 ······················ 77
ハイエナのなかま ················· 77
ハイガシラオオコウモリ ············ 54
バイカルアザラシ ················ 103
ハイチソレノドン ················· 48
ハイラックス科 ··················· 33
ハイラックス目 ··················· 33
パカ→ローランドパカ ············· 206
パカ科 ························· 206

220

パカラナ ……………………………… 207
パカラナ科 …………………………… 207
パグ ……………………………………… 86
バク科 ………………………………… 113
ハクジラのなかま……………… 146-153
バクのなかま ………………………… 113
ハクビシン……………………… 76,101
パサン ………………………………… 140
ハシナガイルカ ……………………… 149
ハセイルカ …………………………… 151
ハダカデバネズミ………………… 7,205
パタスモンキー ………………… 177,182
ハタネズミ …………………………… 212
ハツカネズミ ………………………… 213
ハッブスオウギハクジラ …………… 147
ハナナガネズミカンガルー …………… 21
ハヌマンラングール …………… 180,183
ハネオツパイ ………………………… 158
ハネオツパイ科……………………… 158
ハネジネズミ科 ………………………… 37
ハネジネズミ目 ………………………… 37
パピヨン ………………………………… 87
バビルサ ……………………………… 119
パラステングフルーツコウモリ ……… 54
ハリテンレック ………………………… 36
ハリネズミ科 ……………………… 48,49
ハリネズミ目 ……………………… 48,49
ハリモグラ ……………………………… 17
ハリモグラ科 …………………………… 17
パンダ→ジャイアントパンダ ………… 93
　　　→レッサーパンダ ……………… 94
バンディクート科 ……………………… 27
バンディクート目 ……………………… 27
バンテン ……………………………… 132
ハンドウイルカ………………… 6,149
バンドウイルカ→ハンドウイルカ・6,149
パンパスジカ ………………………… 129

ヒ

ビーグル ………………………………… 86
ビーバー科 …………………… 210,211
ビーバーのなかま…………… 210,211
ヒガシゴリラ ………………………… 191
ヒガシローランドゴリラ→ヒガシゴリラ 191
ビクーニャ …………………………… 117
ヒグマ ……………………………… 88,89
ピグミーチンパンジー→ボノボ・・14,189
ピグミーツパイ ……………………… 158

ピグミーネズミキツネザル …………… 167
ピグミーマーモセット ………………… 170
ヒゲクジラのなかま …………… 154-157
ヒゲサキ ……………………………… 169
被甲目 ……………………………… 42-43
ビスカーチャ ………………………… 205
ビッグホーン ………………………… 139
ヒツジの品種→ヤギ、ヒツジの品種… 143
ヒト科 ……………………………… 186-193
ヒトコブラクダ ……………………… 116
ヒトのなかま ……………………… 186-193
ヒナコウモリ …………………………… 57
ヒナコウモリ科 ………… 50,52,56,57
ヒマラヤン ……………………………… 73
ヒミズ …………………………………… 45
ヒメアリクイ …………………………… 39
ヒメアリクイ科 ………………………… 39
ヒメアルマジロ ………………………… 43
ヒメネズミ …………………………… 213
ヒメヒミズ ……………………………… 45
ヒメミユビトビネズミ ……………… 209
ピューマ ………………………… 72,160
ヒョウ ……………………………… 63,65
ヒョウアザラシ ……………………… 105
ヒヨケザル科 ………………………… 159
ヒヨケザル目 ………………………… 159
ピレネーデスマン ……………………… 45
ビントロング …………………………… 76

フ

フィッシャー …………………………… 97
フィリピンヒゲイノシシ ……………… 118
フィリピンヒヨケザル ………………… 159
フィリピンメガネザル ………………… 168
フイリマングース……………………… 75
プーズー ……………………………… 129
プードル ………………………………… 87
ブーラミス ……………………………… 25
ブーラミス科 …………………………… 25
フーロックテナガザル ………………… 184
フェネックギツネ……………………… 84
フォッサ ………………………………… 76
フクロアリクイ …………………… 25,27
フクロアリクイ科……………………… 27
フクロウグエノン …………………… 177
フクロオオカミ ………………………… 27
フクロギツネ …………………………… 24
フクロシマリス ………………………… 25

フクロテナガザル…………………… 184
フクロネコ ……………………………… 27
フクロネコ科 …………………………… 27
フクロネコ目 …………………………… 27
フクロミツスイ ………………………… 24
フクロミツスイ科……………………… 24
フクロモグラ ……………………… 25,26
フクロモグラ科 ………………………… 26
フクロモグラ目 ………………………… 26
フクロモモンガ ………………………… 25
フクロモモンガ科……………………… 25
フクロヤマネ …………………………… 25
フサオオリンゴ ………………………… 94
フサオネズミカンガルー ……………… 21
フサオマキザル ………………… 161,172
ブタの品種→ウシ、ブタの品種 ……… 142
ブタオザル …………………………… 179
フタコブラクダ ……………………… 116
フタユビナマケモノ …………………… 41
フタユビナマケモノ科………………… 41
フチア科 ……………………………… 207
ブチクスクス …………………………… 24
ブチハイエナ ……………………… 6,65,77
ブッシュバック ……………………… 135
ブッシュベイビー→ショウガラゴ…・ 162
ブラウンキツネザル→チャイロキツネザル … 165
ブラウンショウネズミキツネザル…・ 167
ブラウンホエザル…………………… 175
ブラキエーション…………………… 185
ブラックタマリン…………………… 171
ブラックバック …………………… 134
ブラッザモンキー …………………… 177
ブラリナトガリネズミ ………………… 47
フラワーコウモリ ……………………… 53
ブルーシープ ………………………… 139
ブルーモンキー ……………………… 177
ブルドッグ……………………………… 86
プレーリードッグ
　　→オグロプレーリードッグ……198,199
フロリダウッドラット………………… 214
プロングホーン……………………… 6,125
プロングホーン科…………………… 125
プロングホーンのなかま …………… 125
フンボルトウーリーモンキー………… 174

ヘ

ベアードバク ………………………… 113
ペッカリー科 ………………………… 119

221

ペッカリーのなかま
　→イノシシ、ペッカリーのなかま **118,119**
ベトナムレイヨウ→サオラ ············· **138**
ベニガオザル ······························· **178**
ヘラコウモリ科 ························· **51-53**
ヘラジカ ································· **126,127**
ベルーガ→シロイルカ ··················· **147**
ベルクマンの法則 ························· **67**
ペルシャ ··································· **73**
ペルシュロン ······························· **112**
ベルベットモンキー→サバンナモンキー **176**
ヘレフォード ······························· **142**
ベローシファカ ··························· **167**
ベンガルトラ ······························· **67**
ベンガルヤマネコ ························· **69**

ホ

ボウシテナガザル ···············**161,184**
ポケットマウス科 ························· **209**
ホシバナモグラ ····························· **45**
ホソロリス→スレンダーロリス ······· **163**
ポタモガーレ ······························· **36**
北海道犬 ··································· **87**
北海道和種 ······························· **112**
北極 ····································· **92**
ホッキョクギツネ ························· **84**
ホッキョククジラ ························· **157**
ホッキョクグマ ······················· **15,92**
ホッキョクジリス ························· **198**
ポットー ··································· **163**
ほ乳類 ·······················**6,7,16,19**
ボノボ ································· **14,189**
ボブキャット ······························· **70**
ホフマンナマケモノ ····················· **41**
ポメラニアン ······························· **86**
ホリネズミ科 ······························· **209**
ホルスタイン ······························· **142**
ボルネオオランウータン **10,160,161,186,187**
ボルネオゾウ→アジアゾウ ··············· **31**
ボンゴ ··································· **136**
ホンシュウジカ→ニホンジカ ··········· **129**
ホンドギツネ→アカギツネ ········ **85,101**
ホンドタヌキ→タヌキ ··············· **83,101**
ホンドテン→テン ················· **97,100**

マ

マーゲイ ··································· **72**

マーコール ································· **141**
マーブルキャット ························· **71**
マーモセットのなかま ···············**170,171**
マーモット→アルプスマーモット ··· **199**
マーラ ··································· **206**
マイルカ ··································· **148**
マイルカ科 ···············**148,149,151,152**
マウンティング ··························· **178**
マウンテンゴート→シロイワヤギ ··· **138**
マウンテンゴリラ→ヒガシゴリラ ··· **191**
マサイキリン ······························· **124**
マスクラット ······························· **214**
マゼランツコツコ ························· **208**
マダガスカル島 ··························· **165**
マダガスカルマングース科 ··············· **76**
マダラコウモリ ····························· **52**
マダラスカンク→トウブマダラスカンク ··· **98**
マッコウクジラ ··························· **146**
マッコウクジラ科 ···············**146,147**
マナティー科 ·························**34,35**
マメジカ科 ······························· **121**
マメジカ、ジャコウジカのなかま···**120,121**
マルチーズ ································· **87**
マルミミゾウ ······························· **31**
マレーグマ ································· **91**
マレージャコウネコ→パームシベット **76**
マレーセンザンコウ ····················· **59**
マレーバク ································· **113**
マレーヒヨケザル ························· **159**
マレーヤマアラシ ························· **204**
マングース科 ·······················**74,75**
マングースのなかま ···············**74,75**
マントヒヒ ································· **180**
マントホエザル ··························· **175**
マンドリル ································· **180**

ミ

ミーアキャット ····························· **74**
ミケリス ··································· **200**
御崎馬 ··································· **112**
ミズオポッサム ····························· **26**
ミズトガリネズミ ························· **46**
ミズマメジカ ······························· **121**
ミズラモグラ ······························· **45**
ミツオビアルマジロ ····················· **43**
ミドリザル→サバンナモンキー ······· **176**
ミナミアメリカオットセイ ··············· **107**
ミナミゾウアザラシ ···············**15,104**

ミナミハンドウイルカ ··················· **151**
ミユビナマケモノ科 ···················**40,41**
ミユビハリモグラ ··························· **17**
ミンク→アメリカミンク ··················· **97**
ミンククジラ ······························· **157**

ム

ムース→ヘラジカ ························· **127**
ムササビ ··································· **202**
ムツオビアルマジロ ······················· **42**
ムフロン ··································· **141**
ムリキ ··································· **175**

メ

メイシャントン ····························· **142**
メイン・クーン ····························· **73**
メガネグマ ································· **91**
メガネザル科 ······························· **168**
メガネザルのなかま ······················· **168**
メガネヤマネ ······························· **203**
メキシコウサギ ··························· **195**
メキシコオオカミ ··························· **79**
メキシコオヒキコウモリ ··················· **53**
メリノ ··································· **143**

モ

モウコノウマ ······························· **111**
モグラ科 ·······················**44,45**
モグラのなかま ·······················**44,45**
モナモンキー ······························· **177**
モモジロコウモリ ··························· **56**
モモンガ ···························**25, 202**
モリアカネズミ ··························· **215**
モリイノシシ ······························· **119**
モリウサギ ································· **194**
モルモット ································· **206**
モンクサキ ································· **169**

ヤ

ヤギのなかま ·······················**138-141**
ヤギ、ヒツジの品種 ····················· **143**
ヤク ····································· **132**
ヤクシカ→ニホンジカ ····················· **129**
ヤブイヌ ··································· **81**
ヤブノウサギ ······························· **11**

222

ヤマアラシ科 ……………… 204	ヨーロッパケナガイタチ ……… 96	リスのなかま …………… 198-202
ヤマコウモリ ……………… 56	ヨーロッパジェネット ………… 76	リャノ ………………………… 38
ヤマシマウマ ……………… 111	ヨーロッパバイソン …………… 131	リュウキュウテングコウモリ……… 56
ヤマジャコウジカ ………… 120	ヨーロッパハタリス …………… 199	リングテイル科……………… 24
ヤマネ ……………………… 203	ヨーロッパビーバー …………… 211	
ヤマネ科 …………………… 203	ヨーロッパモグラ ……………… 45	**レ**
ヤマネのなかま …………… 203	ヨーロッパヤマネ ……………… 203	レッサーパンダ ……………… 94
ヤマバク …………………… 113	ヨーロッパヤマネコ …………… 69	レッサーパンダ、アライグマのなかま 94,95
ヤマビーバー ……………… 203	ヨザル ………………………… 173	レッサーパンダ科 ……………… 94
ヤマビーバー科 …………… 203	ヨザル科 ……………………… 173	
ヤマビーバーのなかま……… 203	ヨツメオポッサム ……………… 26	**ロ**
ヤマビスカーチャ ………… 205	与那国馬 ……………………… 112	ロイルナキウサギ……………… 197
		ロエストグエノン……………… 161,176
ユ	**ラ**	ローランドパカ ……………… 206
有袋類 …………… 6,18,**19**,26,27	ラーテル ……………………… 99	ロシアン・ブルー ……………… 73
有毛目 ……………………… **38-41**	ライオン …………… 7,8,**60-62**,65	ロリス科 ……………………… 162,163
ユキウサギ ………………… 196	ラクダ科 ……………………… 116,117	ロリスのなかま
ユキヒョウ ………………… 63	ラクダのなかま ……………… 116,117	→ガラゴ、ロリスのなかま…… 162,163
ユビナガコウモリ ………… 57	ラッコ ………………………… 99	
ユビナガコウモリ科 ……… 57	ラブラドール・レトリーバー……… 86	**ワ**
ユメゴンドウ ……………… 151	ラマ …………………………… 117	ワイルドビースト→オグロヌー ……… 134
	ランドレース ………………… 142	ワオキツネザル………………… 161,164
ヨ		ワタボウシタマリン …………… 171
ヨウスコウカワイルカ……… 150	**リ**	ワモンアザラシ………………… 102
ヨウスコウカワイルカ科…… 150	リカオン ……………………… 82,83	
ヨークシャー ……………… 142	リス科 ………………………… 198-202	
ヨークシャー・テリア……… 87	リスザル→コモンリスザル ……… 173	

読者モニター

図鑑MOVEを企画するにあたって、読者のみなさんにモニターになっていただき、ご意見や
アイデアをいただきました。以下、ご協力いただいた、121名のモニターのみなさんです。

穴繁希美／阿由葉準也／新井梨羅／池田楽／今吉灯／岩田陽平／梅下華琳／卜部真央／江田小夏／大石伸／大瀬大樹／大谷雄哉／大塚勢也／大塚陽／大槻瑞生／大西開斗／岡﨑有咲／小笠原のりこ／岡野睦／岡本瞳／尾﨑美来／小原悠ノ介／海津一太／加藤慎／河合暁音／川口華葉／川地雄大／河原玉奈／川村陵太朗／神田咲希／木田大晴／北原琴音／久我美彩子／久留原和樹／小池閑敬／小池素慶／河野志帆／小松羽流／小安陽太／小山実桜子／坂口郁／櫻井かりん／塩見嘉子／重松洸輔／芝本麟太郎／霜降咲希／鈴木愛花／鈴木惠睦／曽我路芽／大毛裕生／髙木優希矢／髙須一郎／高杉諒／高柳匠吾／竹内愛／田代明花音／田代健留／田中康喜／田村呼春／辻井優希／鴇田千奈／中島万賀／中嶋龍聖／永田美星／中村優花／西川暢亮／西巻広大／子島尭／根矢果歩／野戸雄悟／箱石優介／濱田梨々子／林琴子／原田亜美／原田武／兵藤大誠／平井小百合／平田愛／平手香乃／広瀬遥斗／藤井尊／藤田都／藤村考大／古河すみれ／古荘智佳子／細川萌／堀田優羽／堀畑若菜／前田晃希／牧野裕光／松浦このか／松﨑杏／水谷健介／皆川絢香／源綾乃／宮沢純正／宮本航季／村田京香／毛木詩穂子／望月晶子／本村綾夏／守琴未／森本理香子／森脇麻衣／八木達也／八澤和颯／安田伶果／山内康誠／山内美果／山岡紘之／山崎泰侑／山﨑真音／山下皆実／山田佳輝／山本丈瑠／山本佑斗／横山雄太／吉岡真志／吉田茉紀／吉田正貴／渡辺隼

[監修]
山極寿一 (京都大学名誉教授)

[執筆]
柴田佳秀

[イラスト・図版]
Raúl Martín : カバー表 [ライオン、アフリカゾウ]
大方忠明 : 79
上村一樹 : 70、98、153、164、204
小林 稔 : 124-125
小堀文彦 : 146、147、151、152、157
玉城 聡 : 56、57、185
西村もも : カバー表 [キリンほか]、カバー背、19、23、31、44、102、
　　　　　　158、195、211
マカベアキオ : 62
柳澤秀紀 : 35、100-101
Magic Group : 39、98、138、147、152、154、156、157、194、209

[装丁]
城所潤＋関口新平 (ジュン・キドコロ・デザイン)

[本文デザイン]
市川望美、天野広和、原口雅之 (ダイアートプランニング)

[DVD 映像制作]
NHK エンタープライズ
大上祐司 (プロデューサー)
出口明 (アシスタントプロデューサー)

[DVD 映像制作協力]
東京映像株式会社

[写真・画像提供]
特別協力
アマナイメージズ : 1、2、5-7、9-11、13、14-21、24-31、33-38、
40-49、51、53、54、56-59、61、62、64-70、72-78、81-87、89-
99、102、103、105、108-109、111、113-132、138-141、143-150、
154-155、158- 215、後ろ見返し

アフロ : カバー裏、3、5-8、12、13、16、17、20-27、29、31-33、38-
43、45、47-55、60-61、63、67、69-72、75-77、79-81、83、84、
88、90、91、93-97、99、102-107、109-112、114、118-121、123-
125、127-132、134-144、147、149-152、155、158、161、165、
167、168、170、172、174、176-181、183、184、187、189-191、
193-196、199、203、205、206、208、209、212、214、215、後ろ
見返し

Getty Images : 17、25、55、214

iStockphoto : 7、19、44、63、67、72、73、81、83、84、87、91、95-
98、106、111、113、114、116-119、127、128、132-139、141、144、
160-162、165、170、172、180、189、196、198、205、208、210、212

PPS 通信社 : 12、52、53、113、121、159、173

シービックス ジャパン : 35、105、148、151

横塚眞己人 : 68、73、159、198

小宮輝之 : 112

Alamy : 7、16、20、21、23、25、27、31、38-41、45、47、60-61、
63、67、69、70-72、75-77、79、88、91、94、97、99、102、103、
107、109、111、112、118、121、123、125、128、130-131、137、
139、140、142、143、147、152、167、168、174、177-181、183、
184、189、193-195、199、203、205、206、208、209、212、214、
215 ╱ All Canada Photos : 38-39、90、91 ╱ Arco Images : 165、191
╱ Ardea : 33、91、120 、142、143、196 ╱ Barcroft Media : 8、12 ╱
Blickwinkel : 23、63、93、121、179、181、189、214、215 ╱ Blue
green Pictures : 147、168 ╱ F1online : 29 ╱ FLPA : 105、136、142、
143、172、179 ╱ Imagebroker : 75、76、199、208 ╱ John Warburton-
Lee : 187 ╱ Juergen&Christine Sohns : 176、190-191 ╱ Juniors Bildar
chiv : 5、76、112、191、203、214 ╱ Mariella Superina : 43 ╱ Minden : 2、
6、15-17、20-27、32、33、37-39、41-43、48、50-55、58、63、
64、69、71、75-81、83、84、91、93-97、99、103-107、110、111、
114、119、124、125、127-130、132、134-139、141、144、149-
152、155、158、160-163、165、167-181、184-189、193、196-
203、205-210、212-215 ╱ National Geographic : 13、16、21、53、
65、90、93 ╱ Natural Decisions : 27 ╱ NHK : 前見返し、158 ╱ Photo
nonstop : 61 ╱ Photoshot : 38、49、143 、195、196 ╱ PIXTA : 7、57、
118、129、132、135、161、201、202、205、206、213 ╱ REX FEA
TURES : 13 ╱ Robert Harding : 104-105、149 ╱ Science Source : 49
╱ Super Stock : 112 ╱ WESTEND61 : 97 ╱ 安藤寛 : 201 ╱ 猪俣典久 : 83
╱ 岩沢勝正 : 112 ╱ 大沢夕志 : 54、56、57 ╱ 学研 : 142、143 ╱ 河口信雄 :
112 ╱ 河村好昭 : 99 ╱ 札幌市円山動物園 : 92 ╱ 高橋充 : 106 ╱ 田中光常 : 112、
140、177 ╱ 長太郎 : 6 ╱ 東田裕二 : 142 ╱ ふなせひろとし : 96 ╱ 北海道大学
植物園 : 79 ╱ 毎日新聞社 : 68 ╱ 箕輪正 : 178 ╱ 諸角寿一 : 83 ╱ 矢部志朗 : 6 ╱
山本つねお : 178

[特別協力]
大沢啓子・大沢夕志 : 50-57

[写真出典]
『ハダカデバネズミ ―女王・兵隊・ふとん係』
(岩波科学ライブラリー、岩波書店)
吉田重人・岡ノ谷一夫 : 205 (女王の写真)

講談社の動く図鑑　MOVE

動物 新訂版

2011年 7月14日　初　版　第 1 刷発行
2015年11月18日　新訂版　第 1 刷発行
2021年10月20日　新訂版　第16刷発行

監　修　山極寿一
発行者　鈴木章一
発行所　株式会社講談社
　　　　〒112-8001　東京都文京区音羽 2-12-21
　　　　電話　編集　03-5395-3542
　　　　　　　販売　03-5395-3625
　　　　　　　業務　03-5395-3615

KODANSHA

印　刷　共同印刷株式会社
製　本　大口製本印刷株式会社

©KODANSHA 2015 Printed in Japan
落丁本・乱丁本は購入書店名を明記のうえ、小社業務あてにお送りください。送料小社負担にておとりかえいたします。
なお、この本についてのお問い合わせは、MOVE編集あてにお願いいたします。
価格は、カバーに表示してあります。
本書のコピー、スキャン、デジタル化等の無断複製は著作権法上での例外を除き禁じられています。
本書を代行業者等の第三者に依頼してスキャンやデジタル化することは、たとえ個人や家庭内の利用でも著作権法違反です。

ISBN978-4-06-219822-6　N.D.C.489 224p 27cm